詳説「ラストボロフ事件」

日本における最大級の諜報活動の全貌

稲村公望

彩流社

目次

はじめに

(令和三年)二月十三日午前九時、電話をかける。自宅の固定電話と携帯電話の両方にかけたが出ない。

五日に「寂しい、時に電話していいかな」とメールを貰ったが、ほったらかしていた。

九日には「森会長、牝鶏晨す、といいたかったでしょ。仰ることは当然です。中国古典の時代から世の中同じ。韓国じゃ女性も徴兵される。衰えたりといえども、日本男子、戦うときはいつでも前線に立ちます。防人になる。防衛省の艦艇で指揮をとる女性艦長を尊敬しています。某国での話。自動機関銃を大分撃たせて貰った。お金は払いました。伏せて撃ったり、腰だめで撃ったり。いつでも尖閣諸島に行きます。八十路に近づいたが、尊敬する女性は前線に立たせるわけには行かない。特養で死ぬより、名誉ある死に方だと思っている。靖国に行かせてください。山口多聞四十九歳で空母飛龍とともに深海に沈み、山本五十六は五十六歳で戦線に散る」と威勢のいい来信を見たが、その直前に、帯状疱疹になって体中が痛いと言っていたから心配はしていた。

ともあれ、電話に出ないのはおかしい、胸騒ぎがする。令夫人に先立たれ、子供との仲も気になって、一人暮らしを心配して、前年十月末に老人ホームのことを知りたいと聞かれ、都下八王子の老人介護施設の経営者の友人を紹介したことがあった。

東京外国語大学を卒業したばかりに、寒い国に特派員生活をしたロシア専門家である。退職後は、令夫人のふるさとの盛岡にある大学の先生をしていた。ソ連崩壊の過程で、衛星放送が果たした役割を解説して丸善から単行本にして出版して話題作となったこともあった。

東北岩手の大学も定年になってから、ベトナム戦争の激戦地古都フエにボランティアとして少なくも半年は滞在した。そしてベトナムでの生活を終えて、生まれ故郷の藤沢に戻り、鵠沼を終の棲家に決めたようだったが、令夫人に先立たれた。

令夫人は、着物姿が似合う、大相撲のたにまちの雰囲気があったから、本人は女房にかわいがられたのかも知れないが、山口多聞将軍は親戚筋に当たるとのことだから、理路整然、意気軒昂で、弱音を吐くような人物ではなかった。

平成二十五年八月一日の日付が残っているが、遺品と称して、グルジアの人間国宝、イラクリ・オチアウリ氏が制作した、チカンカという銅版を打ち出して画像を掘る彫金の作品を筆者に贈ってきた。

「ソ連の法律では、百年以前に作られた芸術品は、国外持ち出し禁止であるが、それ以降でも、ごくわずかであるが、国宝級の作家の芸術作品は、同じく国外持ち出し禁止なのである。オチアウリのチカンカはこれに該当する」と、前川昭一という人が『街と人』(講談社)に書いている。

もうひとつ送られてきた「遺品」が、ラストロボフ事件の関係資料のファイル二冊だった。

チカンカは屋根裏にまだあった。ファイルも送られてきた封筒入りのまま本棚の中に入っていた。

本棚の裏側に隠されていたから、これは大事なものだとの認識はあったが、筆者は学生の時に、鳩山一郎政権の時の北方領土交渉の歴史を囓った程度、ロシア語ができるわけでなく、国会図書館で卒業論文を書くために新聞切り抜きを読む時間つぶしをしただけだったから、このファイルの内容の重要性は分かっているわけではなく、資料価値を鑑定する力もなかった。

しかし、胸騒ぎがするだけでまだ訃報になっていたわけではないが、「遺品」ファイルに記録された内容を紹介して、日本の安寧に寄与することにする好機が訪れているとは感じた。

タイトルは「ラストボロフ事件・総括」となっている。昭和四十四年に纏められた資料で通し番号入りだ。

貴重なファイルの原本あるいはコピーを閲覧できる職業柄にあったことは間違いない。昭和四十四年というと五十年以上前のことになるから、たとえ秘密文書であっても公開されてしかるべきことであり、むしろ、歴史を検証することのほうが国益に資することになる。しかも「ラストロボロフ事件」は、この遺品の文書の十五年前に発生しているから、現在から遡ると六十五年以上前の事件だ。

歴史の闇に埋没させてはならないから、「遺品」の価値は高まったと判断した。

［注記▼「ラストボロフ事件・総括」は、いまでは国会図書館で一般公開されている。］

［1］ 貴重なファイル

「遺品」は原本ではない。コピーされたファイルにすぎないが「生」の情報だ。コピー紙がA4だから原本はB5の小型本だ。表紙のない素っ気ない装丁で、右端が糸閉じ・和綴じになっていて、大福帳を横にした形である。最初の三ページが写真で、まずラスロボロフと在日ソ連代表部の正面の写真、二ページ目が関係した日本人四人の写真、四ページが同事件を報道して、米ソの外交冷戦緊張などと大見出しを掲げた新聞記事の写真である。一九五四年八月十四日付の、外務省と公安調査庁の共同発表を「ラストロボフ失踪事件の真相」という見出しをつけた朝日新聞の記事の写真もある。まず、はしがきがある。

「思えば十五年前のことである。当時、表向きは二等書記官として在日ソ連代表部に勤務していたM・V・D（ソ連邦内務省）中佐のユーリー・A・ラストボロフが米国に亡命し、ソ連諜報機関およびこれが在日組織の実態を暴露する事件が発生した。（中略）第二次大戦後、対日理事会の一員として日本に滞在していたソ連代表部は、日米講和条約の発効後も引き続き残留していたが、部員の半数以上はM・V・D、R・U（国防省参謀本部諜報局）に所属して、在日エージェントの協力を得て、日本の外交機密や在日米軍関係情報を本国に通報していた。その情報の代表的なものは、国際連合関係、日米講和条約問題、または朝鮮動乱をめぐる在日米軍の基地、装備、兵員、作戦計画や日本再軍備に関するもので、これらは、日本を自由主義国家群から引き離すことを狙ったソ連の政策に基づいて収集されていたものであった。そして、ソ連に協力し、情報収集にあたったエージェントは大部分が引き揚げ者であった。彼らは、日本敗戦という未曾有の事態により、ソ連地区に抑留され、ソ連に協力することを誓約させられた外交官、新聞記者や軍人などで、彼らの多くは、赤色スパイ、に対する良心の呵責に悩みながらも機関への恐怖にかられ、報酬に溺れて追随した人達であった(後略)」とある。

昭和四十四年は、七〇年安保を目前にして、革新左翼勢力が、第一次安保を上回る闘争を計画する中で、日本を巡る諜報謀略活動がますます活発化、巧妙化したことが考えられる、そのようなときに指針とするために活字として纏められている。

折しも、世界的に新型コロナウイルスの蔓延猖獗があり、米支間の激しい覇権争いが顕在化する中で、日本では、特に全体拡張主義の隣国の関係者の動きが活発化しているように見える。永田町では、党員証を見せびらかすような工作員とおぼしき外国人の公然活動が活発化しており、議員の二重国籍すら問題としないルーズな事態となっている。

「温故知新」で、遺品が新指針となる可能性がある。ちなみに、党員証の裏は、クレジットカードになっていて、銀聯のカードが使えるようになっている。日本の銀行のATM等で、わざわざ銀聯を取り扱うと表示しているが、時折、腐臭すらある人民元紙幣を持たずに訪日する党員の便宜を尽くしていることは知られていない。「文藝春秋」(令和五年七月号)は、「中国『秘密警察』日本での非合法活動」の記事を掲載している。

＊

「昭和二十年二月ヤルタ会談で手を結んだ米・英・ソは第二次大戦の終結によって共通の敵を失った。終戦直後、ソ連はギリシャ問題をめぐって米・英との抗争を開始、コミンフォルム（欧州共産党情報局）を設けて、米国が提唱する「封じ込め政策」に対抗して「冷たい戦争」に入った。

一方、アジアにおいてもベトナム民主共和国をはじめインドネシア共和国など六カ国が相次いで独立し中華人民共和国の成立を見るに至り、昭和二十五年二月十四日には、中ソ友好同盟相互援助条約が締結されるなど共産勢力はめざましい進展を示していた。昭和二十五年六月二十五日北朝鮮軍の三十八度線突破によって朝鮮戦争が勃発するや米ソ二大陣営の対立は表面化し、昭和二十六年六月国連でマリク・ソ連代表の休戦提案が行われたが、交戦はその後も各地で繰り返されていた。

このような情勢下にあって、ソ連においては、昭和二十八年三月スターリンが急逝し、集団指導体制のマレンコフ政権が発足した。マレンコフ政権は結束の堅固さを見せてスタートしたが、間もなくマレンコフと内務省を背景とするベリア第一副首相との内部抗争が生じた。

マレンコフは、当初ベリアの勢力に押されていたが、東ドイツの暴動を見るにおよんで、これを未然に察知できなかった諜報機関の活動不十分をとらえ、軍部の支持のもとに一気にベリヤ粛清の挙に出て、同年十二月ベリヤおよびその一味六名を処刑した。ラストロボロフ亡命事件は、このようなソ連国内の変革とくにベリヤ粛清の余波をうけて発生したもので、ラストロボロフは亡命後日本におけるソ連諜報組織の実態を暴露し、その内容は米当局を通じて日本政府に通報されてきた。

警視庁においては、ソ連代表部からの願出によりラストロボロフ失踪の捜索を行っていたが、米側から通報をうけた後は、ソ連諜報組織と活動実態の解明に全力を傾注し、在日代表部を拠点に暗躍していたソ連諜報組織の実態を明らかにするに至ったのである。

事件の発端は昭和二十九年一月二十七日午後三時ごろ、警視庁本部を訪れたサベリエフ・V・J以下二名のソ連代表部員が、ユーリー・A・ラストボロフ二等書記官が一月二十四日正午ごろ在日ソ連代表部を出たまま消息を絶ったと申告し写真を添えて捜索を願出たことに始まる。警視庁では、防犯部少年課においてこれを受理し、捜索対象が一応外交特権享有者であることを配慮して、警備第二部公安第三課(当時。後に公安部外事第一課となる)と協議した結果、秘密裏の捜索を希望するソ連側の意向を斟酌して、公安第三課が捜索を担当することとなった。

そこで、外務省に通報し、警視庁管下各警察署ならびに国警本部を通じて全国手配を行う一方、本部員によって捜索を実施したが、本人の行方は杳として知れなかった。

二月一日前記サベリエフら二名の出頭を求め、失踪直前の事情を詳しく聴取したところ、ラストボロフは、一月二十四日午前十一時四十分ごろ、港区飯倉一丁目都電停留所付近で、米軍用バスを呼びとめ虎ノ門方向に立去ったのをサソーノフ代表部員ほか一名が現認していたことが判明、さらに飯倉一丁目付近からこれを裏付ける目撃者が出たので、当日付近を運行した米軍バスの運転手二名を呼び出し取り調べたが、事実を確認することはできなかった」

〔2〕 ラストボロフの手記

ラストボロフの「手記」が米国のグラフ雑誌「ライフ」に掲載された。

昭和二十九年十一月二十九日号に第一回「巨頭の権力争奪顛末記――スターリンの死後表面化したマレンコフ、ベリヤ武装対立の大詰」、同年十二月六日号に第二回「極東における赤の欺瞞と陰謀――ロシヤ人が共産主義の武器として、いかに脅かし手段を用いたかを、元のスパイが暴露する」、同年十二月十三日号に第三回「赤色テロよ、さようなら」と題する記事だ。

国際版が三十年一月十日、十七日、二十四日号と日本でも市販されたが、米国内版のある部分は削除されていた。

「文藝春秋」が昭和三十年二月号に「日本をスパイした四年半」と題して第二回の記事を邦訳転載したが、米国内版が日本国内で容易に入手できなかった時代で、オグラ氏なる恐喝で脅された共同通信社特派員についてのラストボロフの言及を削除しても気づかれなかった。「文藝春秋」は「日本人をスパイに買収」と見出しを付けたが、原文は「恐喝で動かされた新聞記者」である。

米国内版に手記が発表されると、外電はその都度報道し、読売新聞がＡＦＰ特電として第一回目、産経新聞がAP共同特電として第二回目、UP特電として第三回を掲載した。「ラストロボロフ事件・総括」ファイルの「参考記録」「ラストボロフの手記（自由世界へ逃れるまで）」の要旨は次の通り。

一、一九二一年七月十一日に、（生まれたのはクルスク州ドミトリエフカ？）オルロフスカヤ・オプラストで赤軍に奉職していた父と女医をしていた母との間に生まれた。父方の祖父は「富農」であるというだけの理由で土地を没収され、生計のもとを絶たれたため、家族には離反され一九三〇年の大飢饉の際は遂に餓死してしまった。祖父が富農だったことが、父にも、その子ラストボロフ）にも不利に働いた悲惨と考えていた。父は、一九一九年に共産党員になったが、粛清の嵐の中で七年後に党員資格を剥奪された（その後に復帰して四七年に退職。母は四六年に死亡）。モスクワで一九三九年に中学を終え、測地学研究所に入所、二カ月後に軍隊に徴集されている。一九四〇年、赤軍諜報部の極東語学研究所軍事部で、英語と日本語研修の学生となる。

「実は私は日本語が好きではなかったのであるが、うっかり苦情を云うと祖父の問題もあり、研究所を追い出されると考えて何も言わず、ひたすら、目立たないように努めた」

二、一九四一年七月二十一日、独ソが開戦し、語学勉強は中断。ゲリラ戦に関する訓練も実行には至らず、日本人に対する心理戦争の訓練のため、チタの赤軍情報部、次いで外蒙古の第七赤軍地域に派遣された。諜報部中尉になる。日本の参戦後に再度語学研究所付となる。研究所は、タシュケントに近いフェルガナにあり、一九五二年にコーカサスの北のスタヴロポールに移転。一九四三年二月にモスクワの国家保安人民委員部に転任。翌年一月諜報部に転勤、コーカサスに派遣され、翌月モスクワ帰任後、徹底的な「諜報訓練を仕込まれた」。訓練中一九四五年一月に結婚して、十月には娘が出生している。

三、一九四五年末、訓練を終了。本部に帰任。四六年一月に、外務省翻訳官という偽の職名で、東京に派遣された(ラストボロフは、シベリア抑留者からソ連の手先を選抜する秘密委員会に入り、少なくない数の元将校、官僚・政治家の親族の徴募に成功したとされる)。一九四六年十一月、何ら理由を告げられずモスクワに召喚され、父が党籍剥奪されたことがあることなどを隠匿したと訴追されたが、やっとのことで前職に復帰したが、苦い経験となり、「ソヴィエト体制に疑惑を深めたことは事実である。この経験は私に云わせれば、まったく実益なくして人を苦しめる以外の何ものでもなかったし、そして人権をふみにじった乱暴極まるものであった。それは私をしてその昔、幼子の目にも哀れにうつった祖父の面影を再びマザマザと眼に浮かばせずにはおかなかった」とする。

四、一九四八年一月、シベリア抑留中の日本人の中から、ソ連の手先になる人を養成することを任務とする特殊機関に配属。大尉に昇進。八月まで捕虜の中で勤務して、モスクワに転任するが、今一度外国勤務をしたいと注意深く希望を出して、五〇年に至り、上司の課長の推薦を得る。妻と娘を日本に同伴したいと切望していたが、その許可を要請する勇気はなかった。なぜなら、妻は、モスクワ在勤の米国陸軍士官からドライブに誘われて応じたグループのひとりで、その事件から五年もたった五〇年にもまた取り調べのし直しをされた経歴があったからだ(最初の妻のカリーナ・ゴドワは、内務人民委員部歌舞団のプリマで、ラヴレンチー・ベリヤのお気に入りだった。彼女は日本赴任を嫌い、ラストボロフは単身赴任せざるを得なかった)。同年、日本に赴任。ソ連内務人民委員部諜報部員で、少佐に昇任していたが、日本滞在中の最後の頃には、国家保安省が内務省に合併されたので、内務省所属の中佐になっていた。もちろん、ソ連代表部の名簿には、偽の肩書きで、外務省所属の二等書記官と載せられていた。

「東京で私に課せられた特別な任務は、アメリカ人の中からソ連諜報の手先を作ることにあった。しかしこの仕事は極めて困難であったため、私は専ら日本人の手先の操縦に没頭した」(一九五〇年までに日本兵捕虜の多くが帰国し、エージェントを活用する機会が現れた。しかし、当時の日本はまだアメリカとイギリスを中心として連合国軍の占領下で、特に中央政府はアメリカにより完全にコントロールされ、手柄を立てる可能性がなかったため、当時のソ連諜報部では日本派遣は一種の左遷と考えられていた。)

五、一九五三年三月五日、ヨシフ・スターリンが死去。間もなく内務相のラヴレンチー・ベリヤが逮捕される。この粛清のニュースは、東京の代表部を震撼させた。政府の大異動と高官の裁判を予想させたからだが、特に内務省出身のグループは、ベリヤの手先であったからショックは深刻であった。以前からソ連を離脱することを考えていたが、決心したのは五三年七月のことだった。

「ベリヤの粛清事件は、私をしてソヴィエト市民というものは、今まで何人からも挑戦を受けることのなかったような指導的地位にある人物ですら、もはや信頼を置くことが出来ないものであるということを、明確に悟らせるに至った」

米国の援助を求めても、快く受けいれるか確信がなかったが、初めから米国に行こうと決心していた。英語は、もっとも流暢に話せる外国語であり、日本でアメリカ人の手先をつくる任務を受け持たされていたが、職務怠慢の責めを負わされるのではないかと常に恐れていた。

「東京ローンテニス・クラブに入会して多くのアメリカ人と少なくとも友達になることに成功していたが、ソ連の手先を作ることには全く失敗していた。この交際自身が手柄となるよりも、私に対する疑惑の糧となってきた。それほど、強い動機ではないが、私と代表部主席のパヴリチェフ、次席のルノフ及びパヴリチェヴァ夫人との関係があった。夫人は、夫に影響力を持ち、ある程度公務にも介入していた人物だ」

六、一九五四年一月十八日、ルノフ次席に呼びつけられ、「パヴリチェフがモスクワに対して、パヴリチェフか私かどちらかが東京を離れることが必要であると上申した」旨を告げた。その説明としてルノフの語るところによれば、私の行状がパヴリチェフを肉体的にもまいらせ、彼はもともと酷く腎臓を患っていたので悪化させて。重大な結果になるかも知れないとのことだった。

「私は、ルノフの言を反駁し、内務省の命令がなければパヴリチェフは私に対して何も出来るはずはないと突っ張ったが、議論はそこで終わった。私は早速このことを東京における私の内務省の上官ノセンコに報告したが、ノセンコは私に直ちにソ連に帰任しなければならないと告げた」

パヴリチェフの病気は口実に過ぎなかったと信じているが、その時、最近便で帰国するとすると、引き継ぎの時間が二日しかないという事情をノセンコに説明したら、この説明に耳を貸すことはないどころか説明を拒んだので、「私の帰国には何か私にはいえない『秘密な』理由があると直感した。私がソ連へは帰らないという決意を完全に固めたのはこのときである」二十五日帰国予定日。

七、「さて、帰国しないという決意は固めたものの、大問題に直面した。誰に、どういう方法で、救助を求めたら良いのか。もっとも米国に行くことだけは決定済みであった。日本人の犠牲において、ソ連の利益を計る仕事をしていたから、どうしてこのまま日本にとどまることが出来ようか。先ず下した結論は、日本で新生活を見いだそうとすることは問題外だということだった。次に私が一番良く分かる外国語は英語であるし、私は英国人よりも米国人を多く知っているから、米国が私の到達すべき『ゴール』でなくてはならないと考えたので、当初私は、米国大使館に行こうかと考えたが、外部に発表される危険――これは是非避けなければならない――を感じてこの考えを棄てた。その後、数日間というものは酷い懊悩と非常な緊張の中に過ぎていった。代表部内の内務省グループは、皆、私が召喚を命ぜられたことによってショックを受けたように見受けられた。しかし、私自身は、できるだけ冷静に平穏に――常にノセンコの警戒的な監視の眼の下に私の事務の締めくくりを付け、これを引き継ぐ仕事をやり遂げなければならなかった。遂に、一月二十四日東京が雪に被われていたあの日に、私は代表部から抜け出す機会を見いだした。四時ごろ私はこっそりと代表部を出て（注、銀座の東京温泉の）トルコ風呂に入り、七時頃『スエヒロ』で夕食をとった。間もなく私は一人のアメリカ人に落ち合う打ち合わせの場所に向かった。会合は予定通りに行われた。私はしみじみと、私が自由への道を走っていることを実感したのであった」

＊

手記にはないが、工作中に知り合った英語教師のメリー・ジョーンズ（ＣＩＡ防諜員）氏と接触してＣＩＡに引き渡され、東京から沖縄に移動、更にグアムの米軍基地に移送された。

亡命後に結婚した米国人女性とは二女を儲けたが、後に離婚する。亡命後、架空の経歴で五〇年代末までＣＩＡ顧問として働く。一九五九年米国議会上院は特別決定をして市民権を与え、アレン・ウェルシュ・ダレスＣＩＡ長官は、ラストボロフに感謝状を贈った。

［3］　駐日代表部の声明

「元駐日ソ連代表部員ラストボロフ氏の失踪事件について声明書を読み上げるルノフ参事官（中央）＝一九五四（昭和二十九）年二月一日、東京都港区麻布狸穴の元駐日ソ連代表部」とキャプションのついた写真を、共同通信社は有料で販売している。

その声明書は、ファイルの「参考記録」に「一、駐日代表部の声明」と記録されている。

「代表部員ラストボロフは、本年一月二十四日、ソ同盟への帰国の前夜姿を消した。失踪に先立つ数日間ラストボロフは妻と娘の待つ故国に帰る準備に忙しかった。友人の証言によると、ラストボロフは最近健康状態を害していて、こんどの帰国を非常に喜んでいた。彼は帰国に備えて、妻、娘その他の親類のために土産物をかった。ラストボロフは本年一月二十四日代表部から市内へでるにあたって、急いで旅行に必要な最後の買物をしにいくんだといった。それっきりラストボロフは市内から戻ってこなかった。代表部は日本の警察へ捜索願をだしたが、警察ではいろいろ手をつくしてみたがいままでのところラストボロフをさがしだせなかったといった。彼は非検挙者中にも殺されたものの中にも、事故による被害者中にもみあたらなかった。日本警察のそのほかの捜査もすべて徒労に終った。右に述べた諸事実とラストボロフに対するアメリカ諜報部の特別な関心に関してのある資料——このことについては最近日本の新聞にも記事があらわれた——とを対照してみる

とラストボロフの謎の失踪は明らかになってくる」(後の二行複写が不鮮明で判読不能)

＊

「参考記録」の「二」が、外務省と公安調査庁の共同発表である。外務省は情報文化局が担当するとして、公安調査庁と対等になるようにか横並びに記載され、両組織の名称の直下の真ん中に「共同発表」と書かれている。日付は昭和二十九年八月十四日である。

「一、元在日ソ連代表部二等書記官ユーリー・ラストボロフは、別途発表の通り、実はソ連内務省所属の陸軍中佐として、二等書記官の仮装の下に、諜報活動に従事していたものであったが、本年一月二十四日夕刻自発的に在京米国当局に庇護と援助を求めて来た。米国当局は本件の機密漏洩防止と本人の身柄の安全のため、就中同人の自発的離脱がソ連内務省に確知された場合、同人の家族に危害の及ぶことを恐れ、可能な限り単なる失踪として取扱われたいと云う本人の強い希望に基き、一月二十六日同人を米軍用機により海外に連れ去ると共に、二十七日極秘裡に右の趣を日本政府首脳部に連絡して来たのである。

二、日米両当局は右の如き同人のたっての希望と本件に関連する調査の機密保持の必要上、これが発表を遺憾ながら今日迄差控えざるを得なかったのである。両政府の調査によれば、ラストボロフの離脱が本人の自発的意志に基く結果であることは疑の余地がない。

三、政府は米国側の通報に接するや、直ちに米国当局と緊密な連絡を保ちつつ内査を薦めると共に担当係官をして直接ラストボロフに面会せしめる等所要の措置を講じて来た。現在までに判明した所では、若干の日本人が同人と関係あり、その中のあるものは同人の失踪が新聞に報道せられた後自首して来ている。然し政府高官が之に関係していた等の事実はない。尚、本件に関連し米国側の採った措置については緊急の事態にあったとは云え、本人の出国以前に日本政府に対し協議を行わなかったこと、及び正規の出国手続きを怠ったことに遺憾の点があったので、直ちに米国側に申し入れを行い、その結果、米国側は遺憾の意を表明すると共に将来同様のことを繰り返さざる旨の保障をした次第は別に公表された文書の通りである。

四、本日の公表はなるべく速かに本件に関する内外の関心に応える意味に於て取りあえず本人の同意を得て。事件の大要について之をなした次第であるが、更に詳細については、目下採りつつある諸般の措置が一段落した上に於て改めて公表する予定である」

*

「三、ラストボロフの手記(自由世界へ逃れるまで)」は、先に紹介した。ファイル「参考記録」は、「四、プラウダの報道」と題し、プラウダ(ソ連共産党中央機関紙一九五四年八月二十五日水曜日の記事を掲載する。

「ソヴィエト政府のアメリカ合衆国政府への覚書。かつて新聞に報道されたように本年一月在日ソ連代表部外交官ラストボロフ・ユー・アーが失踪した。当時すでに、日本及びアメリカの新聞には、彼が米諜報者の手中にあると報道された。六カ月の間、合衆国政府は、ラストボロフに関するソヴィエト政府の質問に対し、回答しなかったが、八月十三日に至って彼に対し合衆国に於いて『政治的避難所』が与えられた旨通告された。八月二十三日在ワシントン、ソ連邦大使館は合衆国国務省に左の内容の覚書を提出した。在日ソ連代表部元外交官ラストボロフ・ユー・アーに対し、合衆国において『政治避難所』が供与された旨の一九五四年八月十三日付アメリカ合衆国政府の覚書に関し、ソヴィエト政府は、左の通り申し述べることを必要とするものである。すでに、本年二月十五日ソヴィエト政府はラストボロフ・ユー・アーに関し合衆国政府に公式に書翰を提出した。右には、本年一月二十四日ラストボロフがソ連に向け東京を発つ前夜失踪したこと、および日本、アメリカの新聞報道によると、彼はアメリカ諜報機関の手中にあることがのべられていた。その後、ソヴィエト政府は再三、合衆国政府に対しラストボロフの居所に関し問い合せた。しかし、前記八月十三日付覚書を受けるまで、合衆国政府よりは、ソヴィエト政府の質問に関連しラストボロフに関する何らの情報も与えられなかった。合衆国政府が、二月十五日付ソ連政府の書翰に対し、六カ月の間ソ連政府に回答し得なかった事実は、日本よりラストボロフを連れ出したアメリカ機関が、ほとんど七カ月間にわたり彼から祖国帰還の拒否を獲得するため努力していたことを証明するものである。ソヴィエト政府は、ソヴィエト外交官に対するかかる暴力的行為を、アメリカの機関による基本的かつ一般に承認された国際法の規範の侵害と考えるものであり、かかる行動に対する一切の責任は、アメリカ合衆国の負うべきものであることを申し述べる」

＊

ファイルの「参考資料」は、「五、ラストボロフの陳述調書」と続く。

この陳述調書は訳文であるとされ、昭和三十一年十一月十二日の日付が入っている。ラストボロフの署名と、陳述を記録した東京地方検察庁検察事務官通訳、有元芳之祐の氏名と押印がなされた文書の写とされる。

陳述調書の内容の大部分が前号に紹介した「手記」と重複するので割愛するが、調書の最後の部分に、ラストボロフの所属についての記述があるので、その部分を転載する。

「一九五〇年日本に戻ってきたときは私は少佐になっておりその後一九五四年一月、元ソビエト代表部を去るまで私はＭＶＤの諜報将校でありました。一月に私はソビエトの世界から離れたときの階級はＭＶＤの中佐でした（それよりさきＭＧＢがＭＶＤと合併したため、私はＭＶＤ要員だったのです）。私は、公式の代表部要員名簿には勿論、ソビエト外務省員である二等書記官として搭載されておりました」

＊

ロシア革命後、レーニンの命を受けてジェルジンスキーが「反革命・テロ・サボタージュ取り締まりのための全ロシア非常委員会」（「チェーカー」）を創立し、ルビヤンカ広場の全ロシア保険会社ビルに本部を置いた。国家政治局（ＧＲＵ）や、ＯＧＰＵ、スターリンの側近ベリヤが指揮する内務人民委員部（ＮＫＶＤ）、第二次世界大戦中の国家保安人民委員部（ＮＫＧＢ）、戦後の国家保安省（ＭＧＢ）を経て、内務省（ＭＶＤ）に統合される。ラストボロフはこの統合直後の要員である。一九五四年三月内務省に統合されていた国家保安機能が再び独立し、国家保安委員会（ＫＧＢ）が設立された。

＊

ファイルの参考記録は、「六、ラストボロフの供述書」と続く。供述調書が三件掲載されており、いずれも東京地方検察庁長谷多郎検事が、在米日本大使館の須藤未千秋二等書記官の通訳で得られた供述を調書にしたものである。まず、第一の供述調書は次の通り。

「国籍　元ソビエト国　出生地　ソ連邦ドミトロフスク町　氏名　ユーリー・エィ・ラストロボ

ロフ　一九二一年七月十一日生　右の者は、昭和二十九年九月十六日アメリカ合衆国ヴァージニア州アレクサンドリア・マウントヴァーノン通り所在のハンティングタワーズアパートメント四〇八号室において本職に対し通訳を介して任意左のとおり供述した。

一、私は現在の住所と職業とを言う訳には行かないが、それは身体の安全を守るためであって他意ははない。

二、私は一九五四年一月下旬までの数年間、ソヴィエト社会主義共和国連邦の東京における諜報機関員としてソ連の駐日代表部で働いていた。その間、私は私の諜報活動の手先の一人として日本の外務省国際協力局に勤務していた庄司宏を使ったことがある。

庄司宏は私に、その間数十回に亘って彼が外務省の職員として職務上、手に入れた公文書や国の安全に関する日本政府の政策の秘密情報でそれを容易に入手できる立場の友人から手に入れたものを私に提供してくれた。その連絡の日時、場所と提供を受けた資(以下、二ページに亘って複写が喪失して中略)であった。この情報の内容は、当時の東京のエム・ヴィ・ディの人達から、価値の高い情報だと云われたものであった。

五、私が最後に庄司と連絡したのは、一九五四年一月十四日の木曜日の夜、矢張り浅草の国際劇場附近の路上だった。私はこの時彼にインド行きについての指令を与えなかったが、それは彼のインド行きが、まだ確定していなかったからである。なお、この連絡の時に、私は彼に千円札三十枚を暗黄色の細長い日本封筒に入れて渡した。これは、いつもの例で彼に対するその月分の諜報活動の手当として与えたものであった。

陳述人　通訳在アメリカ合衆国日本大使館二等書記官須藤未千秋　右の通り録取し、通訳を介して読聞かせた上、本調書の翻訳文を示して閲覧させたところ、日本文字の調書はよく読めないが、翻訳の内容は自分の供述に相違ない旨を申立て本調書には、署名せず、その翻訳文に署名し、通訳は本調書に署名押印した」

調書の末尾に、尋問が行われたアパートの住所と部屋番号、調書を作成した担当検事氏名を明示して、左上に、浅草の会合地点の略図を掲げている。

[4] 第二、第三の供述調書

第二の供述調書は、九月二十八日の二回目の供述を録取したもので、出生地、氏名、供述の場所と、調書の定型文に続けて本文に入る。ラストボロフの国籍を「元ソヴィエト国」と書いているのは、興味深い。場所はアレクサンドリアの高層アパートの同じ部屋である。

「一、エコノミストという暗号名の男のことについて申し述べる。私はエコノミストに直接顔を合わせたことはなく、本名も思い出せない。

二、私がモスクワと東京で諜報機関の仲間から聞いたり、彼に関する諜報機関の記録を見て知ったことは次の通りである。

(1)エコノミストは、一九四一、二年頃からソ連の諜報機関の手先になった。
(2)エコノミストは外務省の経済関係の仕事をしている役人である。
(3)エコノミストは、終戦後東京で自分から進んでソ連駐日代表部を訪ねて来た。
(4)エコノミストは、東京でノルマ以上の諜報活動の実績をあげたと、我々の仲間から言われていた。
(5)エコノミストは、金の為に諜報活動をした男である。
(6)エコノミストは、日本に対する講和条約発効の一、二カ月前の時期にソ連代表部のコチェリニコフの部屋の一つで暗号表と米国ドルの紙幣を全体で四千ドル位我々の仲間から受け取っている。それは我々がもしも日本を急に引揚げた後には、彼が我々のために諜報活動を行うための非常措置であった。金は全体で四千ドル位というのは、その金の内には彼自身に対する手当と彼の手先となる一、二の男に対して彼が払うべき手当をまとめて渡されているからである。又、その時期に彼はマイクロ写真の技術も教えられていた。

日本に対する講和条約の発効一、二カ月前の期間に、我々の仲間がエコノミストに諜報連絡のため短波のラジオ受信機を与えたことがある。私はソ連代表部内で、この受信機を見た。私はその機械は多分米国製のアール・シイ・エイか日本のナショナルだったと覚えている。彼はそのラジオでウラジオストックからの暗号の連絡を受信した筈である。そのラジオは他人に知られないように聴取できるための耳当受信器が取付けられていた。

陳述人　通訳アメリカ合衆国日本大使館二等書記官　須藤末千秋　右のとおり録取し、通訳を介して読聞かせた上、本調書の翻訳文を示して閲覧させたところ、日本文の調書はよく読めないが翻訳の内容は自分の供述に相違ない旨を申立て、本調書には署名せず、その翻訳文に署名し、通訳は本調書に署名押印した」とある。

末尾は、録取の日付を「前同日」として、アレクサンドリアのアパート室番号と東京地方検察庁検事長谷多郎の氏名を記録している。

＊

第三の供述調書も、国籍、出生地、氏名等の後、昭和二十九年九月二十八日の日付と場所が記載され、「通訳を介して任意左のとおり供述した」と始まる。

「一、私は日本人の手先を使ってソ連のための諜報活動をしたことに関する事実を申し述べる。

二、私の経歴等については、すでに私が私の記憶に基づいて書いた陳述書のとおりであるから、これを提供する。この時、陳述人提出に係るステートメントと題する英文タイプ印刷の書面写三通を本書末尾に添付した。

三、私は、一九四五年の末頃モスクワで国家人民委員部の第一部第四課に勤務していた。この課は、いわば日本課ともいうべきもので、日本における諜報活動を直接に指揮監督するところであった。この国家人民委員部の名称は、『ゲー・ペー・ウー』『エヌ・ケイ・ジィ・ビイ』『エム・ヴィ・ディ』と順次改められた。これを『ゲー・ペー・ウー』という人は、よくその名称の変化したことを知らないのかも知れない。しかし、その名前は変わっても私の知っている限りその部の日本における諜報活動の実態に変りはなかった。要するにそれは、日本における政治、経済、軍事、世論の動向等、米軍の動向も含めて正確な情報を探知したり蒐集したりすることであった。その諜報活動には日本人や米国人等を使うことも当然予想され実行されていたのである。

四、一九四五年末には、私は、モスクワの国家人民委員部から東京に派遣されて、同部の特務情報部員として日本で諜報活動を行う予定になっていると聞いていた。そこで当時、私はその第一部第四課で日本における私の諜報活動の準備をした。そして、私はソ連のための諜報活動に手先として使える人の調査資料を調べてよく覚えておいた。

その際、私が覚えた日本人の対ソ協力者の氏名、暗号名、経歴及びその連絡方法等は、今年七月に柏村、山本の両氏に話しておいたとおりである。私が両氏に話したこのような日本人の諜報活動の手先の名は少なくとも二十名以上だった。日本人の対ソ協力者の名前は皆まで私は知らないが、その数は三百名位だったといえる。暗号名ヨシダこと庄司宏、暗号名ヤバこと日暮、暗号名タテカツこと渡辺等は一九四五年に対ソ協力を誓約した人達で当時私が、モスクワの大使館を中心とする五人の政治グループとして覚えているものである。

特にヤバとヨシダとは、その頃、モスクワでドルピンとピアレイという確か戦争中に東京のソ連大使館員だった二人によって指導されていた。勿論彼らの指導者は、ドルピンとピアレイ以外にも、その以前にあったようであったがその人のこと等は私には判らない。又、当時四十歳余りの男で本名を忘れた暗号名をエコノミストという男は一九四一年か四二年頃サガレンでソ連の協力者になり、その後モスクワにも来たことがあるのを覚えている。

五、ここで、私は対ソ協力の誓約のことについて申し述べる。ソ連の諜報機関によって対ソ協力者として承認された人は、書簡で対ソ協力の誓約をするのである。その書簡は、必ず日本語で日本字の署名を用いる。日本文による理由は、筆跡を確保しておく意味もあるが後でロシア語を十分理解していなかったという弁解をさせないよう心理的に圧迫するためである。

その誓約の文言は、日本の民主化のためソ連に協力すると言う意味を骨子としており、人によって多少文句の相違がある。例えば、諜報活動を行うということを明記したり、対ソ協力に関する一切の秘密を漏らしたときは、いかなる罰でも甘受するということが書かれているものもある。

しかし、この誓約の表現には、実質的には大きな違いはないわけである。その実体は、誓約した人にはその人がソ連のために日本のソヴィエト化を実現することに秘密に協力し、そのために諜報活動を行うということが当然判っていると言うことである。そして、その誓約した者が共産主義の理論を身につけていることは結構なことではあるが、それは必ずしも必要なことではなく、ソ連としてはその人の諜報活動の能力が高ければ満足するものである。

問　この対ソ協力を誓約した日本人がその後、誓約を取り消したいと思えば取消せるか。もし、取消したとすればそのために危害を受けるか。

答　私の知っている範囲では、日本人で対ソ協力を誓約して諜報活動をやった人が誓約を取り消そうと申し出た例はない。ソ連の諜報活動機関では対ソ協力を誓約した者に対しては、本人みずから心理的に拘束されて誓約を破れないようにしむけるよう努力している。

例えば、その実例は、職務上の義務に背いて秘密の文書を持出させたり、金をもらったりさせることによって間接にこのような効果を生むようなことである。もし、誓約した日本人がそれを取り消すと言えば、それは、ソ連の諜報機関にとって困ることである。しかし、最近数年間の駐日代表部の現状から言ってこの誓約を破った人に対して身体に危害を加えるということはできないことである。又、そんな実例は占領中も占領後もなかったと思っている。但し、そのために絶対に危害を加えられないということは私も断言できず、それは結局状況によると思う。

六、私が暗号名ヤバという日暮のことについて知っているところを申し述べる。私が彼に最初に逢ったのは、一九四六年七月頃、東京上野公園のグラント将軍のモニュメントの近くであった。これは、日本に帰った日暮にとっては、ソ連の諜報機関員との最初の接触であったと思う。というのは、その時私は彼と逢うのにモスクワで準備されていた合図の方法で手に新聞紙か何かを持って行った記憶があるからである。

私は、一九四六年七月頃から同年十一月頃までの数カ月間ヤバを私の諜報活動の手先に使った。彼はその間、月二回位宛私と連絡して彼が外務省の役人として得た、役所の資料等を私にくれた。その資料には、政治や外交の情勢に関するものが多かったが、決してそれは彼の意見だけでなく事実に関するものであった。日暮は時々私との連絡を怠ることがあって、私は彼に注意したことも覚えている。しかし、それは強い言葉で叱るようなやり方ではなく親切に注意してやった記憶があるから、彼はそのように連絡を怠るときには、病気とか役所の用事とか要するに、もっともな理由があった筈だった。日暮は、私の次に彼を使ったニキショフに、ニキショフはひどく彼を叱るので協力したくないとこぼしたことがあった。

私は、日暮との接触中、毎月一万五千円から二万円位の報酬を多分百円札で彼に支払っていた。日暮は、私の次にニキショフ、ニキショフが一九四八年の夏頃帰国した後は、クリニッテンに引き続き使われて我々の諜報活動の手先を勤めた。ニキショフもクリニッテンも私の同僚であったから、私はその後も彼らから時々、日暮のことを聞いていた。

日暮は、我々の間では、東京だけではなくモスクワでも信用されていたので、彼が演説等で反共運動を行っていることも我々は知っていたが、決してそれは咎められるようなことではなく、むしろ、それによって彼が日本人の間で信用されることになるという点で諜報活動を秘すのには好都合なことだと思われていた。日暮には、私の後の指導者だったニキショフやクリニッテンからも引き続き報酬が払われており、しかしその額は少しだけ増額されたことを、私は彼らから聞いていた。

私は、一九四九年にモスクワで、日暮の手当が月三万五千円であることは役所の資料から知った。

東京のエム・ヴィ・ディの班長ノセンコは、クリニッテンが帰国した後、彼の後を受けて、日暮に二、三回街頭連絡したと言っていた。東京のエム・ヴィ・ディの間では、日本の講和条約発効の二、三カ月前に日本政府から要求があった場合を考慮しソ連駐日代表部の全員が引き揚げを行う準備をしたことがあった。そしてその引き揚げは実現しなかったが、東京のエム・ヴィ・ディでは、引き揚げ後の諜報活動の用意として信用できる諜報活動の手先には、暗号や米国ドル紙幣等を与えたことがある。日暮はその時それらのものをもらったかどうかを私は確認していないけれども、ともかくそのような非常の場合には、日暮の下に庄司宏を付けて諜報活動をさせることは東京のエム・ヴィ・ディの計画だった。

この時、日本人で同年令位の者の肖像写真十枚の中に日暮信則の写真一枚混入したものを陳述人に示したところ、日暮信則の写真一枚を抜き取ったので、これを本書末尾に別紙に貼付して添付した。

私が見た写真は日暮のものに間違いないと思う。しかし、彼は平素は眼鏡をかけていたのにそれがない。私はかねて日暮がソ連のために諜報活動を行いながらも、日本人としての良心との矛盾に悩んでいたことを直感的に知っており、もし、ことが発覚すれば、死を選ぶかも知れないという気がしていた。

先日米国の新聞を読んでいた時に、日暮が検挙されて自殺した記事を見て、まことに可哀想なことをしたと思っている。殊に彼の妻や子供は気の毒である。

問　君は、日暮の自宅を訪ねたことがあるか。

答　私は彼の住所を尋ねなかった。クリニッテンは彼を訪ねたことがあると私に言ったことがある。

問　日暮は狸穴のソ連代表部の建物内に行ったことがあるか。

答　日暮がそこに連れ込まれたことは、二、三回あったと思う。時期はクリニッテンが彼を諜報の手先に使っていた頃のことで連れてきた人はクリニッテンである。クリニッテンはいつも日暮を代表部の車で、ロシア人の運転手に運転させて連れ込んだと私に話していた。彼が来たのは暗号やマイクロ写真を習うためであったし、又耳当受信器のついた短波ラジオの機械ももらった。

七、私は、庄司宏との関係について、今迄のべた点以外のことを申し述べる。私は、一九五〇年末か一九五一年の初頃同僚のポポフから彼が使っていた暗号名ヨシダこと庄司宏を諜報活動の手先として引き継いだ。

私が庄司宏に初めて会ったのは、その引き継ぎの時で、場所は明治神宮外苑の日本青年館からあまり遠くない道路上であった。その引き継ぎの時にポポフは庄司に「これから自分は君と離れるがここに君の新しい指導者がいるから、これからこの人のいうことを聞け」といって私に紹介した。私は彼に将来の連絡時間と場所とを説明しておいた。

その後一九五一年の末か一九五二年の前半期に、私はまた、庄司をクリニッテンに引き継いだ。また、私は一九五三年の十一月から十二月にクリニッテンの手から庄司を引き取った。その時の引き継ぎの場所は、白木屋と三越の間で日本橋と同じ川にかかっている昭和通りの橋のたもとの公衆便所のところであた。庄司は、私に彼がクリニッテンと連絡中この通りで挙動不審のために警察官に呼びとめられて彼の書類を調べられたことがあるといっていた。

私は庄司を引き取って私の手先に使ったのは、一九五四年一月迄であった。私と庄司との接触は大体月一、二回水曜日か木曜日の夜、日本橋と昭和通りの間の場所か、浅草の国際劇場の近くで行った。私は彼から公文書の原本を受け取ったときは、すぐにソ連の駐日代表部に持ち帰って写真をとり、いそいで彼に原本を返した。

この時、庄司宏と同年令位の日本人の写真六枚中に庄司宏の写真一枚を混入させたものを陳述人に示したところ、陳述人は直に庄司の写真を引き抜いたのでこれを別紙に貼付して本書末尾に添付した。

私は庄司の顔はよく知っている。彼は、我々の手先として使った男であるが、彼はよく不平がましいことをいう男であった。連絡の日時でも夜学の講義をするから変えてくれと言ったことがある。しかし、彼は、諜報活動の報酬金はきちんと請求した。彼は別に共産主義者とも思われなかった。私は彼が金のためにソヴィエトの手先として働いたものと思っていた。私は彼に初めの内は月二万五千円の手当を払っていたが、宛は後に三万円に増額されていた。私が彼を再び私の手先に使った時には月三万円を払った。我々はその他に彼の要求で家屋の金を与えている。又彼は年末と夏の二回日本の習慣で上司にお土産を贈る金の足しにするといって五千円とか一万円とかを請求したので我々はこれに応じた。

しかしながら、庄司の諜報活動自体は有能で、ごまかしなどのないよい材料をくれたものである。

問　君は庄司宏、エコノミスト又は日暮その他君の諜報活動の手先から逆にソ連側の情報や資料を要求されたことがあるか。

答　そんなことは決してない。彼らは、我々が金を払って使った手先である。彼らはソビエトの手先であるから我々から情報をうる立場にあるなどということは考えるもばかばかしいことである。

陳述人　通訳在アメリカ合衆国日本大使館二等書記官　須藤末千秋

右のとおり録取し、通訳を介して読み聞かせた上、本調書の翻訳文を示して閲覧させたところ、日本文の調書はよく読めないが翻訳文の内容は自分の供述どおりに相違ない旨を申し立て、本調書に署名せずその翻訳文に署名し、通訳は本調書に署名押印した。前同日　アメリカ合衆国ヴァージニア州アレクサンドリア・マウントヴァーノン通り所持あのハンティングタワーズアパートメント四〇八号室において　東京地方検察庁　検事　長谷多郎」とある。

＊

「参考記録」には、「七、庄司宏　関係」と題して、国家公務員法違反と外国為替及び外国貿易管理法違反としての、(一)起訴状、(二)冒頭陳述要旨、(三)第一審判決(東京地裁)、(四)第二審判決(東京高裁)、の全文が添付されている。

更に「八、高毛礼　茂　関係」と題して、外国為替及び外国貿易管理法違反と国家公務員法違反としての、(一)起訴状(拘置中求令状)、(二)追起訴状(保釈中)、(三)冒頭陳述、(四)第一審判決(東京地裁)、(五)第二審判決(東京高裁)、(六)上告趣意書、(七)最高裁決定、の全文が添付されている。何故、庄司宏関係と高毛礼茂関係の裁判記録だけが「参考記録」となっているのかにわかには判断しがたいが、おそらく外務省関係者ということで、日暮信則が自殺しているので、外務省関係の三人にしぼって裁判記録を纏めた可能性が窺える。

日暮信則と庄司宏は、ラストボロフと直接接触し、又は運用されていた手先であるが、高毛礼茂は、ラストボロフ以外の諜報機関員と連絡していた手先の一人(コードネームがエコノミストとされた人物である)である。ファイルでは、ラストボロフと直接連絡した十五人の名前(日暮信則、庄司宏、大村英之助、清川勇吉、志位正二、田村敏雄、菅原道太郎、石山正三、吉野松夫、保刈偉夫、ジョン・ミルトン・バインクトン、ガストン・ジャンムジャン、滝柳精一、飯沢重一、麓多禎)と、三人の関連人物(橋本武彦、園田重雄、丸山直行)の名前が掲載されている。ラストボロフ以外の諜報員と連絡していた十三人の名前(高毛礼茂、泉穎蔵、渡辺三樹男、大隅道春、大沢金蔵、中尾将就、ユージン・アクショノフ、坂田二郎、平島一郎、朝枝繁春、淡徳三郎、都倉栄二、花井京之助)と高毛礼茂の関連人物一人(遊佐上治、本文に関連人物として名前のある富岡芳子については、見出しには掲載されていないが、おそらく諜報活動ではなく、外貨交換についての交換等を仲介したことから名前が残ったか)、更に、事件捜査中判明した対ソ誓約者八人の名前(正木五郎、細川直知、古沢洋左、郡菊夫、斉藤金弥、柳田秀隆、吉川猛、深井英一)が分類されて掲載されている。

各人毎の概要、本籍、住所、学歴、職歴、家族などの身分関係、ラストボロフ供述、捜査経過、活動状況、について詳細に記載している。ソ連内務相が最も重要視していたものとして終戦時在モスクワ日本大使館にいた日本人グループ(外務省職員は、日暮信則と庄司宏、朝日新聞の清川勇吉、毎日新聞の渡辺三樹夫、海軍将校の沢田孝夫とエコノミストの高毛礼茂)であったが、沢田孝夫(海軍少佐、在モスクワ大使館付武官)の名前は、日本側第一次資料である「ラストボロフ事件・総括」ファイルには一切出てこないが、米国の国立公文書館には事件容疑者として個人ファイルが残っている。

*

ラストボロフ亡命を助けた英語教師のメリー・ジョーンズの本名は、東京都千代田区にあったアメリカ陸軍教育センターに勤める教員のMaude Lilian Burrisである。Burrisは、ラストボロフから英語教師になってほしいと依頼を受け、駐留軍当局の対敵諜報部隊(CIC)のJohn Davis陸軍少尉に相談し、CICの監視・指導の下に、ラストボロフへの英語指導を始める。

一九五四年一月二十二日ソ連代表部ノセンコ三等書記官から、当日中にモスクワに戻るように伝えられ、突然の決定に抵抗して帰国後は投獄されるものと判断する。帰国日は一月二十五日まで延長されるが、一月二十三日、東京ローンテニスクラブに会費を払うとして訪れ、そこで、R.L.G.Challis(ニュージーランド在日代理公使)から亡命を打診される。ニュージーランド外交官は、ソ連代表部が一月十八日に香港経由の通過ビザを要請していること、及び、イギリスがラストボロフの亡命に強い関心を示していることを伝えている。ラストボロフは、Challisの説得に応じて、立川空軍基地のロイヤルエアフォースに連れていかれたが、イギリス側の対応に不信感を覚え、イギリス当局への亡命を拒否する。悪天候のために飛行機が離陸できず、ラストボロフは英空軍基地から離れる。ラストボロフは、Challisをイギリス情報部将校だったとしている。

ラストボロフは、イギリス情報部に身を委ねると、自身の身柄とソ連に拘束されているイギリス人の身柄を交換されてしまうと判断して、イギリスに不信感を抱いていたのだ。英語教師だったBurrisに米国当局への政治亡命の手配を頼む。女性教員から連絡を受けた441CIC支隊は、DRS(CIAの通称で、文書調査局)に連絡して共同で亡命作戦を実行する。

〔5〕　庄司宏

参考記録の「七、庄司宏関係」に、「(一)起訴状」とあり、昭和二十九年九月二十七日、東京地方検察庁検察官、藍野宣慶検事が東京地方裁判所に公訴を提起する。被告の庄司宏について、「本籍　東京都台東区西黒門町二二番地　住所　東京都目黒区緑ヶ丘二三六八番地　職業　通商産業事務官　国家公務員法違反(別件勾留中求令状)外国為替及び外国貿易管理法違反(拘留中)、大正二年二月十七日生　四一年」と記載。

国家公務員法と外国為替及び外国貿易管理法違反事件として、公訴事実を「被告人は、東京都目黒区緑ヶ丘二三六八番地に居住し、外務事務官として国際連合に関する事務等をつかさどる外務省国際協力局第一課に勤務し、同課の所長事務中経済社会関係の事務を担当する外、課長を補佐し同課の事務全般に参画していたものであるが、第一、(一)昭和二十八年十二月下旬頃東京都台東区浅草国際劇場付近においてソ連人ラストボロフに対し職務上知ることのできた秘密である昭和二十八年十二月九日付沢田大使発岡崎外務大臣宛のソヴィエト代表団との関係に関する報告書の写しを交付して閲覧させ、(二)昭和二十九年一月上旬頃同所において前記ラストボロフに対し職務上知ることのできた秘密である昭和二十八年十二月三十一日付沢田大使発岡崎外務大臣宛の朝鮮問題に関する電信報告書の写しを交付して閲覧させ以て、職務上知ることのできた秘密を漏らし、第二、法定の除外理由がないのに、昭和二十九年二月上旬頃東京都新宿区戸塚町三丁目一三二番地　喫茶店「大都会」において日暮信則より対外支払手段であるアメリカ合衆国ドル紙幣二〇〇ドルを取得しながら、これを所定の外国為替銀行等に売却しなかったものである」とする。

＊

(二)冒頭陳述要旨は、「第一、被告人の経歴、被告人は昭和二十年(注、昭和十年の誤植?)三月東京外国語学校ロシア語部法科を第三学年にて中途退学、昭和十三年四月外務書記生試験に合格、同年六月十日外務属として外務省に採用され、翌昭和十四年二月八日外務書記生を命ぜられて、ハルピン、オハに順次在勤した。昭和十八年七月六日高等科試験行政科試験に合格し、翌昭和十九年六月十六日ソビエト連邦在勤を命ぜられ、在モスクワ日本大使館外務書記生として同地に赴き、情報蒐集等の事務に従事していたが、昭和二十年八月八日ソ連の対日開戦後は、約一年間モスクワ等において抑留生活を送り、翌昭和二十一年八月頃引き揚げ帰国し、程なく外務省調査局第二課に配属された。昭和二十二年一月三十日外交官補を命ぜられ、同省調査局第一課次いで同局第二課に勤務していたが、昭和二十六年十二月一日の機構改革により外務事務官を命ぜられ、同省国際協力局第一課所属となり、昭和二十九年五月六日通商産業事務官として通商産業省通商局市場第一課に転じた。なお、右の本務の外、昭和二十二年十二月二十六日から昭和二十四年三月十五日までは総理府事務官を兼任して経済安定本部官房調査課に勤務し、又、昭和二十八年六月二十日から同年九月二十九日までは国際協力局第二課に兼勤していた（第二、外務事務官としての被告人の職務内容と第三、国家公務員としての秘密保持の職務を有する被告人の地位及び身分の記述は省略する。）

「第四、被告人の諜報活動（公訴事実の第一の関係）

一、対ソ協力者としての誓約及び訓練

1　被告人は、前記の如く抑留生活を送っていた期間中の昭和二十年九月頃、在モスクワのソ連諜報機関に対し、対ソ協力に関する誓約をして右諜報機関の手先となり、且つ、その頃同僚である外務通訳生日暮信則にも右の対ソ協力を奨め、同人をソ連諜報機関に案内し、同人をして対ソ誓約書を提出せしめた事実。

2　被告人は在ソ中、元東京のソ連大使館員であったドルピン及びピアレイ等により諜報活動についての指導を受けていた事実。3　被告人の諜報活動に関する暗号名は、吉田とされていた事実。

二、被告人の諜報活動に対する指令者等

1　被告人は、帰国後、在日ソ連諜報機関員ポポフの手先となって、その指令を受け活動していたが、昭和二十五年末頃か昭和二十六年初頃同には諜報機関員ラストボロフの手先となり、次いで昭和二十六年末か昭和二十七年初頃には同調法機関員クリニッテンの指令下に移され、昭和二十八年十一月頃から昭和二十九年一月まで再び右ラストボロフの手先として、その指令を受けつつ諜報活動に従事していた事実。

2　右ラストボロフとの接触は、月に二回位で、東京都内街頭、例えば日本橋と昭和通りの間や浅草の国際劇場附近等で行われた事実。

三、被告人の諜報活動の内容

1　被告人に課せられた諜報活動の内容は、主として、被告人が外務省職員として職務上入手可能な日本政府特に外務省関係の秘密資料の内容を、ソ連のため、その在日諜報機関に知らせることで、被告人は前記在日ソ連諜報機関員と接触を保ちつつ、数十回に亘り、外務省の職員として職務上入手した公文書の原本又は写し等を提供していた事実及び提供した文書の大部分は、現在は特定し難くなったが、一般的に、ソ連諜報機関は被告人を有能な諜報の手先と見做しており、被告人の提供した資料は価値が高いものと評価されていた事実。

2　明瞭に判明している諜報活動

(イ)被告人は、昭和二十八年十二月下旬頃浅草国際劇場付近の街頭連絡の際、前記ラストボロフに対し同年十二月九日付、在ニューヨーク沢田大使発岡崎外務大臣宛のソビエト代表団との関係に関する報告書の自筆の写を提供した事実。右の報告書の内容は、日本の国際連合への加盟につき、ソビエト代表が好意的な態度をとる如き発言をした旨の事実。並にこれに関連する関係国代表者の内話及び沢田大使の意見等が記載されていた。

（ロ）被告人は、昭和二十九年一月上旬頃浅草国際劇場付近の街頭連絡の際、前記ラストボロフに対し、昭和二十八年十二月三十一日沢田大使発岡崎外務大臣宛の挑戦問題に関する暗号電信報告書解読した文書の自筆の写を提供した事実。右の電信報告書の内容は、某国代表の内話として、朝鮮予備政治会談における朝鮮代表と中共代表との関係及び中共代表のソ連に対する態度等が、記載されており、ソ連諜報機関にとって価値の高いものであった。

（ハ）右二通の報告書は、被告人の前記職務上知ることができた文書であること並に右二通の報告書は、いずれも、重大な国際問題に関する日本及び関係諸外国代表の意見、内話等外交上の極秘事項を包含し、殊に朝鮮問題に関する前記報告書は、絶対的に秘密を要する暗号電信に関するものであったので、外務省において、それぞれ極秘の表示を施しており、被告人自身その秘密性につき十分な認識を持っていた事実。

四、被告人の諜報活動に対する報酬

被告人は金銭的利欲のために、ソ連諜報機関の手先として働いていたものと認められ、その諜報活動に対する報酬は、初期には月二万五千円、後に月三万円増額された事実、特に昭和二十八年十一月頃前記ラストボロフが被告人を前記クリニッテンから引き継いだ時には、月三万円の報酬が支給されていたが、その他にも被告人の要求により臨時に、ソ連側から金品を支給されたことがあった事実。

五　ドル関係(公訴事実第二の関係)

一、在日諜報機関の手先となっていた前記日暮信則は、昭和二十七年二月頃九在日代表部から帰途、前記クリニッテンから将来必要が生じた場合の資金に充てるため、対外支払手段である米国ドル紙幣二千ドル(二十ドル札百枚)の交付を受け、外務省欧米局第五課における自己のキャビネット中にこれを保管していた事実。

二、被告人及び右日暮は、ラストボロフ失踪事件公表後の昭和二十九年二月上旬頃新宿区戸塚町三丁目一三二番地喫茶店「大都会」においてラストボロフ失踪後の善後処置を協議したが、その際、右日暮は、右二千ドルを被告人に交付し、同人にソ連側に返還するなり消却するなりの措置を委ねた事実。

三、被告人は、右日暮から取得した右二千ドルを、法定の期間内に、所定の外国為替公認銀行等に売却しなかった事実」

＊

「参考記録」に、(三)第一審判決(東京地裁)が掲載されている。庄司宏の所属を、休職(外務省外務事務官)とし、岡崎悟郎検察官と渡辺寛一検察官が出席して審理が進められたとして、被告人を

無罪と判決。第一　公訴事実　（略）第二　証拠の検討として、

一、ラストボロフ調書(1)(2)の証拠能力について、審理を進めている。(一)これらの調書が刑事訴訟法第三二一条第一項第二号にいわゆる検察官面前調書に当たるかどうかについて(二)これらの調書に供述者の署名があるかどうかについて(三)これらの調書は英語を用いて作成されたから無効であるかどうかについて(四)これらの調書については、供述者が国外にいるため公判期日において供述することが出来ない場合にあたるかどうかについて(五)これらの調書の任意性について

いずれも証拠能力があると結論づける。

更に、二、ラストボロフ調書(1)(2)の証明力について検討するが、(一)ラストボロフの連絡場所について(二)ラストボロフの連絡状況について(三)被告人の写真について(四)被告人の筆跡について(五)報酬その他の金員の接受について(1)家屋の金を与えたというのは真実であるか(2)授受したという報酬額は、物価または給与の水準に照らし終始妥当であったか(3)報酬に関する取り決めはどうなっていたか等の論点で、真実性や信憑性が十分でないとする。(六)ラストボロフの供述を価値づける条件について審議して、「ラストボロフ調書(1)(2)について以上(一)乃至(六)の諸点にわたって個別的に検討した結果多くの疑点が解明されないまま存在し、又少なからず信憑性の不十分なまたは不完全な供述が存在することが明らかとなったが、同調書(1)(2)にはラストボロフと被告人実際の連絡がなければ供述し難い特殊な具体的事項も見出されないので、これらをここで相互に彼此対照して総合考察するときは、同調書(1)(2)の証明力は不十分といわなければなら

ない。(後略)」「ラストボロフ調書(1)(2)のみではその供述の証明力が不十分であって、これを裏付ける客観的に基礎づけられた証拠もないといわざるをえない。従って、被告人に対する国家公務員法違反の公訴事実はその証明がないことに帰する」等と審理して、東京地裁は、犯罪の証明がないとして庄司宏被告に無罪を言い渡している。

[6] 高毛礼茂

東京地裁は、「三、日暮調書(1)乃至(5)の証拠能力について」も、証拠能力があり、調書の任意性を疑う余地のないから、その証拠能力は優に認められるとしながら、証明力について、(一)税法違反の事実について、(二)米ドル二千ドルの授受について、(三)日暮の供述を価値づける条件について の諸点に亘って個別的に検討して、「ここにもラストボロフ調書に見られたような幾多の欠陥のある供述が見出され、それらの点を総合的に考察しても、問題の二千ドルの証拠物が存在しない本件においては、日暮調書の証明力は不十分といわなければならない」とする。

後に、第二審の東京高裁も、証拠力はあるが証明力がないという論理で、検察による控訴を棄却する。スパイ事件を国家公務員法と外国為替関連法違反事件として裁かざるを得ない日本の限界を露呈した「茶番劇?」の記録として残したのだろうか。

＊

「八、高毛礼茂関係」として、もうひとつの裁判記録が、「参考記録」に収載されている。東京地方検察庁の佐藤忠雄検事が公訴を東京地裁に提起している。本籍　熊本市新屋敷町四三九番地、住所　東京都三鷹市下連雀一六七番地、職業　外務事務官、高毛礼　明治三十五年五月二十五日生、として、公訴事実を、昭和二十七年二月に東京港区狸穴のソ連代表部の構内でコチニコフなる者から、米ドル紙幣予選ドルを取得しながら所定の期間内に所定の銀行に売却しなかったとして、外国為替と外国貿易に関する法令に違反したとする。追起訴があり、昭和二十七年十一月頃にソ連人クリニッチンに対し、秘密文書である外務省経済第二課発行の昭和二十六年度上下巻を交付してその内容を知らせて職務上知ることのできた秘密を漏らしたものである、とする。

冒頭陳述では、「被告人は、大正十二年三月、日露協会学校（露語科）卒業後、大正十四年五月株式会社北辰会（後に北樺太石油株式会社と改称）に入社し、以来、昭和十九年六月同社の解散に至るまで在職した。その間、社用により、長期に亘って北樺太オハに在住した外、前後三回ソ連モスクワに駐在した」とあり、公務経歴については、「被告人は、昭和十九年六月三十日ソ連日本大使館商務書記官に任官したが、翌七月四日応召入隊した。昭和二十年九月復員後、同年十一月三十日終戦連絡中央事務局連絡官を兼任した。昭和二十一年三月二十九日一旦退官して同事務局嘱託（経済局商工課)になり、次いで、外務省事務嘱託(総務局経済課)、同省調査員(前同局)を経て、昭和二十四年六月一日外務事務官に任ぜられ政務局経済課勤務となった。その後、同年六月一日国際経済局第二課、同年十二月一日経済局第二課、同二十七年同局調査資料室各勤務を命ぜられた」とある被告人は、自ら進んで在日ソ連人に接近したとして、「被告人は、昭和二十四年新潟市所在新潟鉄工所においてソ連向け貨車数十両の検収が行われた際、通訳を委嘱されたことによりソ連通商代表部員シュチェルバコフと相識った。同年秋頃から被告人は、かねてソ連人に対する親近感を抱いていたところ、自己の退官転身の場合、ソ連人から便宜を受けようと考え、ソ連通商代表部(当時丸の内仲七号館所在)に自ら進んで右シュチェルバコフを訪ねて雑談を交わす機会を作っていた折、昭和二十五年三、四月頃同所でソ連在日代表部の一員であるソ連人コチェリニコフなる者と知合い、密かに同人を旧ソ連在日代表部に訪問するに至った」とある。「被告人は、昭和二十五年十二月頃旧在日ソ連代表部(港区麻布狸穴所在)に赴き、ソ連に忠実に協力して、諜報活動を行う旨の誓約を為した。彼の諜報活動に関する暗号名はエコノミストとされた」とある。

諜報活動の内容は、主として、外務省職員として、職務上入手可能な日本政府の秘密資料の内容をソ連のための在日諜報機関に知らせることであった。諜報活動の報酬と資金については、昭和二十六年一月以降昭和二十八年七月頃迄の間、諜報活動をすることの報酬として月額五千円乃至二万五千円の定期的給与合計約五十八万円を受けた外、諜報活動用の写真機、ラジオ受信器等の購入設備資金として、随時、数回に亘り合計約二十二万円を、更に昭和二十七年二月頃には、四千米ドルを、各支給される等その受領総金額は邦貨約二三五万円に上っている。

課報活動の一般的経過、対日講和条約発効直前頃、被告人が秘密諜報活動のため特別な任務と訓練を受けた事実、等が列記されている。しかも、被告人はこの間、暗号表やその解読、ソ連放送の聴取方法、マイクロ写真の技術について詳細な指導を受け、昭和二十八年四月頃からは、ソ連からのラジオ放送を受信して暗号解読の実地練習をした外、被告人を助けて在日残存秘密諜報網に協力する秘密連絡者の人相確認等を実施したとする。前記四千米ドル(邦貨一四四万円)は、残存秘密諜報網協力者二名に対し被告人から交付すべき給与分を含めて、向う一年間、被告人等が諜報活動をすることの報酬として一括受領した額であった。

*

高毛礼茂の裁判は、最高裁まで争われている。第一審判決(東京地裁)の主文は、「被告人を懲役一年及び罰金一五〇万円に処する。右、罰金を完納することができないときは金五千円を一日に換算した期間被告人を労役場に留置する。訴訟費用は全部被告人の負担とする」とされた。

高毛礼茂の住所は、起訴状には前述のとおり、三鷹市となっていたが、判決では、東京都豊島区池袋五丁目二七七番地修養団養誠会本部内となり、職業が、無職(元外務事務官)と変化している(「昭和三十年二月修養団養誠会に入会し、翌三十一年一月一日から同会本部に起居し、早朝起床して同会本部の清掃をなし会務に精励し、修身修養の道にいそしみ、もってひたすらに改悟謹慎の実を尽くしていることは明らかである」等と上告趣意書に住所変更に至った背景が記載されている)。

東京高裁の第二審判決は、第一審判決を破棄して、原判決の量刑不当に関する控訴趣意を判断して、懲役を八月、罰金を百万円に減じている。最高裁に上告されたが、最高裁は、本件上告を棄却している。

*

ラストボロフが失踪して、米国に亡命した事実が、日米両国で発表されてから半年以上が経った八月十四日に、警視庁は、日暮信則(昭和二十九年三月に退官していた元外務省欧米局第五課事務官・暗号名ヤバ)と庄司宏(外務省国際協力局第一課事務官・暗号名ヨシダ)を逮捕している。その数日後に、高毛礼茂が逮捕されるが、外務省経済局経済二課事務官であった。

高毛礼は、連行直前に首つり自殺を図ったが未遂に終わっている。日暮信則は、ラストボロフが失踪した後の三月に退官しているが、意外なことに、外務省の中では、反ソ的な言辞で知られ、新関欽哉、曽野明と並んで、外務省の反ソ三羽烏と謳われていた。

余談であるが、新関欽哉氏は杉原千畝と職場の同僚で、杉原が駐リトアニア在カウナス日本領事館で、責任者としてナチスの迫害から逃れるためにユダヤ人に「命のビザ」を書き、「東洋のシンドラー」と呼ばれた現場に親族以外で立ち会った証人でもある。杉原没後の一九八八年に出版した回想録『第二次世界大戦下　ベルリン最後の日』で、リトアニア領事館の杉原千畝に言及しているにもかかわらず、日本公使館にユダヤ難民が殺到する事件に一行も触れていない。新関は、「千畝手記」を秘密裏に抹消するのに協力した代わりに、ベルリン大使館三等書記官から外務省ソ連課に異動した。杉原千畝退職時に「杉原はユダヤ人に金をもらってやったのだから、金には困らないだろう」などという噂が流された時も、新関はそれを打ち消すことをしていない。昭和史研究者の杉原誠四郎氏は、「この人物は押し寄せるユダヤ難民を掻き分けるようにして領事館に入り、そして領事館に一泊した」のだから、「この噂が根も葉もないことであることを、新関欽哉はまっさきに証言しなければならない道義的立場にある」と批判した(https://ja.wikipedia.org/wiki/新関欽哉、参照)。

曽野明氏は、外務省調査局第二課長、情報文化局第一課長、ソ連課長等を歴任、ユーゴスラヴィア、パキスタン、西ドイツの大使を勤め退官後は外交評論家として活躍した(https://ja.wikipedia.org/wiki/曽野明、参照)。曽野明著『ソビエトウォッチング40年』は、ソ連の対日工作の実態を分析した古典的名著とされる。

日暮信則は取り調べに対して、終戦時の在モスクワの日本大使館でソ連内務部の課報機関に獲得された「誓約引揚者」だったことを率直に自供していたが、東京地検四階の取調室の窓から飛び降り自殺を遂げている。この自殺は、事件の全貌を闇に閉ざそうとしたのか、不名誉を閉ざそうとしたのか定まっていないが、多くの外国では、スパイは死刑か無期刑になる重罪であるが、日本ではスパイ罪がなく、軽い一年以内の懲役であったから、少なくとも重い刑罰を恐れて自殺を図った訳ではないと断言できるだろう。

ラストボロフの亡命後に、ソ連諜報員から呼びだされて、「自殺しろ」と迫られた日本人手先がいた事例があるから、日暮信則は、確信犯で自殺した可能性が高い。

*

ラストボロフの自供に基づいて、警視庁は関係者を取り調べていった結果、日本人手先は三十六人に及んだ。

「ラストボロフ事件・総括」の目次には、第五　諜報手先として分類されて、まず①ラストボロフと直接接触、または運用されていた手先一五名、②ラストボロフ以外の機関員に運用されていた手先十三名、③事件捜査中に判明した対ソ誓約帰国者八名の氏名が掲載されている。

①のリストは、一　日暮信則、二　庄司宏　三　大村英之助　四　清川勇吉　五　志位正二　六　田村敏雄　七　菅原道太郎　八　石山正三　九　吉野松夫　関連人物として、橋本武彦・園田重雄・丸山直行の三名　一〇　保刈偉夫　一一　ジョン・ミルトン・バイングトン　一二　ガストン・ジャンムジャン　一三　滝柳精一　一四　飯沢重一　一五　麓多禎、②のリストが、一六

高毛礼茂　関連人物として、遊佐上治の一名　一七　泉顕蔵　一八　渡辺三樹夫　一九　大隅委道春　二〇　大沢金蔵　二一　中尾正就　二二　ユージン・アクショノフ　二三　坂田二郎　二四　平島一郎　二五　朝枝繁春　二六　淡徳三郎　二七　都倉栄二　二八　花井京之助、③のリストが、二九　正木五郎　三〇　細川直知　三一　古沢洋左　三二　郡捴夫　三三　斉藤金弥　三四　柳田秀隆　三五　吉川猛　三六　深井英一の氏名が記載されている。

[7] 諜報活動の手先

「ラストボロフと直接接触し、または運用されていた手先」と分類されている者の数は十五人である。順を追って「第五　諜報手先」に記されている興味深い人物を抜粋して転記することとしたい。

まず日暮信則であるが、「東京地検長谷検事の取り調べに対して自己の諜報活動のほかに、ソ連抑留中における対ソ協力の制約事実状況さらには関連人物にまで及ぶ供述をした」。昭和二十九年三月には、一身上の都合を理由に、前年から外務省でソ連月報の編集をしながら総理府事務官を兼ねて内閣調査室と外務省との事務連絡にあたっていた職を退職している。家族は四人で、妻、長男、長女、次男である。

「昭和二十九年八月十四日早朝自宅に警視庁係員の訪問をうけた日暮は、顔面蒼白となり唇をふるわせるなど狼狽の色を隠しきれなかったが、既に覚悟を決めていたのか取り乱すことなく家宅捜索の立会いに応じた。室内は整然としており昭和二十八年のメモ、手紙類が一切処分されていたところから、日暮が既にこの日の来ることを予期して身辺整理を済ませていたことは明らかであったが、次の書籍類などを証拠品として押収した(押収品のなかにはロシア会会員名簿があった)。警視庁から東京地方検察庁に送致された日暮は、『取り調べが』進むうちに、その供述が自己以外の関係者、ことに庄司宏との関係に波及するに至り、生来の性格の弱さから深刻に悩むようになっていった」

「昭和二十九年八月二十八日午後零時四十五分ごろ、東京地検四階の取調室で長谷検事の取り調べを受けていた日暮は、調べが終わって長谷検事に一礼した直後、突然机の上にとび上がりその窓から投身自殺を遂げた。日暮はあらかじめ靴を脱いでいたことから覚悟の自殺と見られるが、その数日とくに悩みの色を濃くしていただけに、東京地検、警視庁においても自殺を警戒していた矢先であった。結局、日暮はその供述が自分だけではなく他人にも関連しその後の取り調べにつれて事件が他に波及することを恐れ、自供直後自己の性格の弱さと罪に対する責任感から死の道を選んだものと思われるが、日暮の存在がラストボロフ事件を解明する上で貴重なものであっただけにその死は惜しまれる」

なお、米国で日暮の自殺を知ったラストボロフは昭和二十九年九月十八日取り調べの長谷検事に対して次のように話した。

「私はかねて日暮がソ連のために諜報活動を行いながらも、日本人としての良心の呵責に苦しんでいたことを直感的に知っており、もし事が発覚すれば死を選ぶかも知れないという気がしていた。先日、米国の新聞を読んでいた時に日暮が検挙されて自殺した記事を見て、まことにかわいそうなことをしたと思っている。ことに彼の妻や子供は気の毒である」

日暮の「ソ連抑留中の誓約状況」については、次のような記述となっている。

昭和二十年七月(終戦の約一カ月前)当時毎日新聞社のモスクワ支局長であった渡辺三樹男の呼びかけで、渡辺の他に朝日新聞モスクワ支局長清川勇吉、在モスクワ日本大使館員庄司宏、海軍武官室書記大隅道春、そして日暮信則の五人が渡辺らのホテルに集まって、第二次世界大戦と日本の将来について話し合った。会合は「一日も早く日本が無条件降伏する以外に日本を救う道がない」との結論に達し、渡辺が佐藤大使にその旨を直言することになった。その後、終戦の約二週間前になって大使館に日暮を訪ねた渡辺が「ソ連側と話がついた。みんな私の指揮下に入って対ソ協力を誓約するように」と伝えたが、日暮は渡辺の話のなかに戦争を終結させるという問題が抜けていることと渡辺の指揮を受けることに反感をもちその場で激しい口論の末喧嘩別れとなり、そのまま終戦を迎えた。そして抑留されることになった当日、十数名のG・R・Uの監視のもとに在留邦人が大使館の庭に集まったが、そのなかに渡辺の姿を見つけた日暮が近寄って「この間は言い過ぎた。こんなことになるのだったら五十歩百歩だった。悪く思わないでくれ」と謝ったが、渡辺がまったく相手にしなかったため、日暮は対ソ協力を蹴った自分の身が非常に危険なものであると感じた。

こうして抑留生活に入って一、二カ月たったころ、庄司が日暮のところに来て「俺は対ソ協力を誓う決心をした。渡辺との問題は俺が話をつけるから、君も対ソ協力を誓約した方がよい」と勧めた。そこで、常に身の危険を感じて暮らしていた日暮はこれで自分も救われると思い、意を決して庄司の案内で大使館から徒歩三十分ぐらいの所にあるG・R・Uの宿舎らしい所に行った。この事務所には、五十五、六歳でがっちりした体格の男がいて「協力を誓うそうだが」と前置きしてから、日暮の身分関係や大使館当時の職務内容について詳しく尋問したのち、「今後は君が朝、新聞を買いに街へ出たとき連絡するから」と言われて、その日に帰った。その後、日暮は毎朝、新聞を買いにアルパート街に出たが、そのうち三、四回G・R・Uらしい私服に呼びとめられて例の建物に行き、終始初めの五十五、六歳の男から取り調べをうけた。取り調べの内容は「対ソスパイ活動をした罪で、ソ連刑法によって処罰されるだろう」といった脅迫的な場合や「対ソ協力をすることは帰国につながることである」といった誘惑的な場合などいろいろで、日暮をしてますます対ソ協力の誓約をしなければ帰国できないのではないかという感を深めさせた。

そして最後の取り調べの時、日暮は相手がロシア語で口授した内容を日本語で書いて提出した。この誓約書の内容は、「われわれ共通の目的である日本の民主化のために協力する。そのためには、ソ連のために諜報活動を日本において行なう。もしこのことを他人に漏らした場合にはいかなる厳罰をうけても異存はない」というものであった。この誓約書を出してから二カ月ぐらい日暮はソ連側からなんの呼び出しもうけなかったが、その間宿舎の女中に机の抽出の中を点検されたり、人と会話する内容を盗み聞きされたりで、常にその行動を監視されていることを痛感した。

昭和二十一年に入ると日暮は、最初庄司に案内されたと同じG・R・Uの事務所らしい建物の二階において、二週間に一回くらいの割合で諜報教育を受けるようになり、これは帰国の直前まで続けられた。その教育の内容は共産主義文献の解説やタス通信の日本版を読ませて感想を述べさせるというものであったが、この教育にあたった人物のなかで日暮が知っていた人物が一人だけいた。それは昭和十五年ごろ在日ソ連大使館の一等書記官をしていたドルピンであった。

日暮は、昭和二十一年五月帰国することになったが、その五日くらい前にまた例の建物に呼ばれ、そこで帰国後のソ連諜報員との連絡方法について打合わせが行われ、○帰国後日暮の暗号名を〝ヤバ〟とする。○帰国してから三カ月後の第三日曜日の昼上野公園にあるグラント将軍の銅像の前で連絡を行なう。その際、連絡者相互の目印として、双方が手に雑誌か新聞紙を持って現場に行くことなどが決められた。

日暮信則の活動状況については、昭和二十九年九月十八日長谷検事に対するラストボロフの供述が「総括」に記載されているが、長文に亘り、ここでは省略する。

日暮が提供した情報については、具体的な供述をすることなく自殺したため、いかなる情報であったかは明らかでないが、ラストボロフはこの点について、○講和条約発効後における在日ソ連代表部の取り扱いに関する日本政府の考え方、○鹿地、三橋事件に関して日本政府がもっているすべての情報とバイングトン事件の全貌など、多くの情報を提供したと供述している。

バイングトン事件については、「総括」にもかなりの詳細が記載されているが、鹿地、三橋事件については、何の説明も記述もない。

本項では、三橋・鹿地事件として、「二つの『真実』の衝突」のような経過をたどった事件の概略を次に紹介して、ラストボロフ事件の理解の一助としたい。

＊

支那研究家で作家として知られていた鹿地亘が失踪して、一年後の昭和二十七年十二月に自宅に戻ったが、この間、CIC（米軍諜報部隊）に監禁されていたことが明らかになった。

ところが、鹿地が自宅に戻った直後に、三島正雄が警視庁に自首して、ソ連のスパイとして無線通信連絡をしていたと自供したために、電波法違反で逮捕された。三島はソ連に抑留中に、赤軍情報部から強要されて、二十二年十二月に帰国して、在日ソ連代表部と連絡をとり、日本の政治情勢や米軍情報を提供したが、その間、鹿地亘から電文を預かり、ソ連へ数十回の無線交信をしたが、その活動がCICに探知され、三橋は米軍にも協力する二重スパイとして活動してきたが、鹿地の失踪を契機に、過去を清算したいと自首した、とされる。

鹿地亘（本名、瀬口貢）が、転地療養先の藤沢市鵠沼から散歩中に失踪する。家族が捜索願を出したのは約一年後であったが、それは「心配しないで欲しい」との直筆の手紙が二度届いていたからである。鹿地は、大分県生まれ、東大文学部卒。プロレタリア文学運動に参加、昭和九年には、治安維持法違反で懲役二年の判決を受けた。十一年に上海に渡り、魯迅や郭沫若と交際、抗日戦線に参加、重慶や延安から反戦宣伝を行っている。国共合作では、蒋介石の軍事顧問をした。蒋政府に一年軟禁された後、二十一年帰国。第一回参議院選挙に立候補して落選している。川崎市内にあった、米軍情報機関のアジトでコックをしてしていた山田善二郎が、鹿地氏の世話をしていたとの手記を発表して騒ぎになった。

鹿地氏が、キャノン機関の本部があった岩崎別邸に連れ込まれたこと、川崎の「東銀川崎クラブ」で鹿地の世話をしたこと、茅ヶ崎の米軍建物に移送されてからのことは知らない等とする手記であった。講和条約調印後も、米軍組織が跋扈していたこと、朝鮮戦争の特需景気のなかで急速に経済発展を遂げて独立国への道を歩んでいたから、国民が「やりきれない気持ち」になり、事件はにわかに人権問題として注目を浴びることになる。

元在ソ連大使館付陸軍武官であった佐々木克巳が、三橋の密告で、昭和二十五年八月三十日CICにより監禁されて約六時間の調べを受けた。鹿地亘事件に類似する事件もあった。釈放後、佐々木は警察に出頭して状況を話したが、その後、半病人になり、十一月「敗戦軍人なやみ」との遺書を残して自殺した。

三橋・鹿地事件の詳細は、田中二郎他編『戦後政治裁判史録第二巻』(第一法規出版)にあるので、参照されたい。

［8］ 暗号名は「ヨシダ」

庄司宏についての記述は、参考記録として添付された裁判の記述にもあるが、「総括」には、日暮信則に次ぐ第二の人物として、一〇〇ページから一四〇ページまで記述がある。

(一)概要は、次の通り。

「(前略)庄司は逮捕後判決に至るまで、終始これら諜報活動の事実を頑強に否認し続け、公判においては、証拠の中心となったラストボロフ調書と日暮調書に事実を認定する十分な証明がないとの理由から無罪の判決が下された。しかしながら、有罪をかちとる決め手にならなかったとはいえ、庄司が終戦時、モスクワにおいて対ソ協力を誓約した当時の状況や帰国後ラストボロフとの連絡状況などを明らかにしたラストボロフ供述、さらにはモスクワで対ソ協力を誓約し帰国後諜報活動をした日暮信則が、このラストボロフ供述を裏付ける内容の供述をしていることは、庄司に対する諜報容疑を十分物語っているものである」

(二)身分調書として、本籍、住所、学歴、職歴、資産と収入(資産を、家屋、株、貯金と分類)、家族、著書、交友関係。

日暮信則について、「東京外国語学校の四年ぐらい先輩にあたるが学生時代は交際なく、昭和十七年五月庄司が外務省欧亜局第一課に勤務当時同僚として知り合い、それ以降在ソ日本大使館勤務、ソ連での抑留生活、また帰国後の外務省調査局第二課勤務と行動を共にした関係にある（後略）」とある。

（三）ラストボロフ供述には、「ショージ・ヒロシは、暗号名を〝ヨシダ〟といい、彼は戦争終了直後モスクワにある日本大使館でソ連情報部が工作した五人の内の一人である。彼らは〝民主グループ〟として知られ、その仲間は次の通りである。○ショージ・ヒロシ暗号名ヨシダ　○ヒグラシ（名不祥）暗号名ヤバ　○ワタナベ（名不詳）暗号名タテカツ　○氏名不祥暗号名オカダ　○氏名不詳暗号名ヤマダ、ソ連の最初の計画では、このグループのまわりに設けた工作員網を拡大することを要求していた。私の知るかぎりでは、これらの人々はソ連の工作員によってそれぞれ単独で運営され、したがって個人による活動をした。

ショージは日本外務省国際協力局第一課文書係調査班長であったが、その職種は書記であり、私は彼がそう高い地位にはなれないだろうと思っていた。彼はソ連から帰った直後から活動し、私が日本勤務の前後二回に亘って彼を運営した。彼は初めのころ外務省の書類の原本を盗んで提供したが、その後は書類の写しと抜粋を提供してくれた。

その情報の内容は、例えば次のようなものであった。○国連における日本代表（オブサーバー）は、日本の国連加盟に関しソ連代表ビシンスキーが棄権投票したことに謝意を表しているという内容○最近、板門店の中共代表とアメリカ代表間に於いて朝鮮の分割線に関しソ連の観測に反し意見が一致した。○日本大使と台湾指導者との話し合いの内容を伝えた日本大使からの電報の写し。なお彼は最近『上司の命令でインド勤務になるかも知れない』と話していた。亡命直後、ラストボロフは滞日中に諜報活動の手先として利用した多数の日本人について供述したなかで、庄司宏についてはは以上のように語った」

（四）捜査経緯とあり、1警視庁山本公安第三課長の訪米、2山本課長取調べによるラストボロフ供述、3国家公務員法被疑者として逮捕、4日暮信則の供述、5外国為替および外国貿易管理法違反被疑者として再逮捕、6長谷検事に対するラストボロフ供述、と区分されている。

（五）公判とあり、1起訴、2証拠、3主たる公判内容、4第一審判決の要旨、5検察控訴趣意、6第二審判決の要旨、と区分され、「（六）事案後の動静」として、昭和二十九年九月から昭和四十二年四月までの居住状況と職業などを記録しており、昭和四十年四月に司法試験に合格したこと、昭和四十二年四月に「登録番号一〇五〇九号で弁護士として登録され東京弁護士会に入会。併せて総評弁護団にも入団し、現在自宅に事務所をおいて主として総評系の弁護士をしている」とある。一九六九年、「被逮捕者の救援を通じ公権力による弾圧に反対する」との活動目標を掲げる団体として「救援連絡センター」が発足するが、代表弁護士に庄司宏が就任している。

＊

ラストボロフ事件が「総括」としてまとめられ、単行本であれば序文か「まえがき」になる部分が「はしがき」の題で、警視庁公安部長であった山本鎮彦氏が執筆して活字となった。

「思えば十五年前のことである。当時、表向きは二等書記官として在日ソ連代表部に勤務していたM・V・D(ソ連邦内務省)中佐のユーリー・A・ラストボロフが米国に亡命し、ソ連諜報機関およびこれが在日組織の実態を暴露する事件が発生した。わたくしは、警視庁警備第二部長原文兵衛氏のもとで公安第三課長としてこの問題に取組み、有能練達な課員の心血を注いだ捜査活動を積み重ね、ラストボロフはじめ多くのエージェントを取調べ真相の究明につとめた結果、当時在日代表部を根拠に暗躍していたソ連諜報組織の活動実態にメスを入れることができた。そして、ソ連に協力し情報収集にあたったエージェントは大部分が引揚者であった。彼らは、日本敗戦という未曾有の事態により、ソ連地区に抑留され、ソ連に抑留することを誓約させられた外交官、新聞記者や軍人などで、彼らの多くは、赤色スパイに対する良心の呵責に悩みながらも機関への恐怖にかられ、報酬におぼれて追随した人達であった。本書は、ラストボロフ事件関係記録を広範に渉猟・編集したもので、特にラストボロフ個人と在日諜報機関に光を当て、機関員とエージェントの連絡方法などの分析を試みたほか、各エージェントの身分関係や対ソ諜報誓約、活動状況等実務上参考となる観点からは出来る限り詳述したものである。なお、ラストボロフの供述が端緒となって、戦前、日独伊三国同盟に関する機密情報をソ連邦内務人民委員ベリヤに提報していた元外交官泉顕蔵や、いわゆる日共トラック部隊(日共特殊財政部)初代隊長大村英之助を発見することができた。また、本件捜索の結果、逮捕・立件送致した国家公務員法、外国為替および外国貿易管理法違反事件被告人庄司宏と高毛礼茂の判決は、捜査上貴重な指針となるものと考える。今や、七〇年安保を目前にして、日共をはじめ革新勢力は第一次安保を大きく上回る闘争を計画しているが、それとともにわが国をめぐる方法謀略活動はますます活発、巧妙化することが考えられる。そのようなとき、本書が外事警察活動上の指針ともなれば幸である。終りに本書を発刊するにあたって、当時ご指導くださった柏村信雄氏、原文兵衛氏、小杉平一氏をはじめ多くの方々、また、今回編集に携わった磯貝誠、和田伊弘両君に深く謝意を表したい。昭和四十四年四月」とある。

山本氏は、長野市生まれの横浜育ちで、横浜第一中学校、松本高等学校文科甲類を経て東北帝国大学法文学部法科を卒業、昭和十八年に内務省に入る。東京サミット時の警察庁長官に就任、初の非東大法学部出身長官。駐フランス大使館一等書記官の経歴もある国際派で、警察官僚として初の駐ベルギー大使を務めている。二〇一二年九月十六日、九十一歳で死去した。正七位から従三位に、進階追贈が行われている。

＊

「総括」の第三の人物が大村英之助である。明治三十八年十月十三日生、当時の職業、日本共産党特殊財政部長とある。前掲した「はしがき」に「いわゆる日共トラック部隊初代隊長」と形容されている人物である。

（一）概要の見出しの下に、次のように書かれている。

「大村は東京帝国大学経済学部卒業後。昭和五年二月ごろ治安維持法違反で検挙され、東京控訴院において懲役二年の言渡をうけ千葉刑務所で服役した。日本共産党には終戦直後入党し、昭和二十三年ごろから党の文化活動に従事、文化部長に就任したことがあったが、昭和二十五年六月日共幹部が潜行するや志田重男ら潜行幹部の資金調達のため合法面から去り、特殊財政組織（いわゆるトラック部隊）の責任者としてソ連、中共など海外からの援助と国内系列企業からの資金収集活動にあたっていた。ソ連との関係は、昭和二十六年夏ごろから日共代表として代表部M・V・D班長コチェリニコフ、その後任のノセンコ、班員のラストボロフらと連絡し、情報を提供して多額の米ドルを受領していたものである。本件ラストボロフの供述が端緒となり、警視庁公安第一課では捜査第二課と協力し、昭和三十二年八月から五回にわたって関係者二十五名を検挙、取調べを行ない、いわゆる日共トラック部隊の実態を究明した」（注、日共トラック部隊とは日共の暗号「トラック（非合法的物資援護獲得部隊）」を指し、昭和三十二年八月二十二日警視庁と大阪府警が一斉に摘発したことから表面化した。中小企業を経営し、あるいは海外から資金援助をうけて地下財政活動をし、潜行幹部らのアジト設定や活動に流用していた。日共中央委員志田重男の指揮下にあったとされている）

（二）身分関係において、大村の本籍が渋谷区神泉町四、別名が藤井、谷貞雄であること、住所歴、学歴、職歴、日共の活動歴、家族三人の氏名と生年月日などを列挙。

(三)ラストボロフ供述は、「一九五一(昭和二十六)年以降、ソ連代表部と日本共産党との秘密連絡が行なわれた。在日ソ連代表部ではノセンコ(在日M・V・D班長)がこれを担当し、年齢四十～四十五歳、丸顔でいつも服装のきちんとしている『ロン』と称する日本人と接触、秘密活動資金を手渡していた。コチェリニコフが離日した後は、ノセンコが『ロン』との接触を引き継いだ。ノセンコは月に二～三回『ロン』と接触したが、この接触にはしばしばキリレンコ(女性)を同伴した。そして『ロン』から受取った情報資料はキリレンコが翻訳し彼女以外のM・V・D班員には手を触れさせなかった。私(ラストボロフ)は『ロン』と目黒―中根町巡査派出所付近、上野―上野公園と東京大学の間、芝―Aアベニュー(A街)と一五ストリート(一五通り)の交差点(注、御成門交差点)付近、芝―慶應義塾大学付近、下落合―聖母病院付近で約十回接触したが、この間、一九五一(昭和二十六)年、コチェリニコフと自動車で目黒に行き、三十万米ドルを『ロン』に渡した。また広島に行きソ連船セブザプレス(SEVZAPLES)号の船長室から十五万ドルを持ってくるようコチェリニコフに命ぜられ、この金を東京で『ロン』に渡したことを記憶している」と書いている。

[9] 捜査の経過状況

(四)捜査経過。ラストボロフ供述に基づき捜査した結果大村英之助が容疑該当者と認められたので山本課長が訪米中、昭和二十九年七月十四日、同月十七日の二回にわたりラストボロフを取り調べ、大村の人物写真を他の数人の写真に混ぜてラストボロフに示したところ、その中から大村の写真を抽出し『ロン』に間違いないことを供述し、さらに大村が日本共産党の代理人としてソ連代表部M・V・D班長コチェリニコフやその後任ノセンコから党活動資金を受領していた事実が明らかになった。警視庁ではこのラストボロフ供述を基に捜査内定を進めた結果、昭和三十二年八月二十二日、日共の特殊財政組織にメスを入れ同年九月十六日大村を逮捕した。

山本課長訪米中、ラストボロフ取り調べにより判明した大村との連絡状況は、次のとおりである。

(五)ソ連側との連絡状況。1大村は、昭和二十六年夏東京都目黒区内の碑文谷警察署中根町巡査派出所付近においてコチェリニコフ、サベリエフ、ラストボロフと連絡し三十万米ドルの一部を受け取り、後日同所において残額を受領した。2東京においてノセンコから十五万米ドルを受領した。これは、ラストボロフがノセンコの命により昭和二十八年九月一日山口県下松市に行き、笠戸ドックに入渠中のソ連船ペトロザボスク(PETROZAVODSK)号の船長から受取りノセンコに手渡したものである(注、ラストボロフ供述では「コチェリニコフの命でセブザプレス号船長から十五万米ドルを受領した」ことになっている)。

(六)事案後の動静。住所　神奈川県川崎市生田大作一一六二(昭和三十九年二月居住確認)職業　芸術映画社社長　(東京都中央区銀座東三―九　真光ビル)　1昭三〇・八・二五、志賀義雄が徳田球一の遺品を持ち中共から羽田空港に到着した際、矢田空港保安事務所警務課長に「日共本部統一戦線部長」と称して面会を求め、出迎えの党員を発着所内に入れるための交渉をした。2昭三一・八・二四、北京において日本画家代表(北川桃雄ら四名)および丸木位里夫妻、金子健太、亀田東伍らと郭沫若の招宴に出席した。5昭三二・九・一六、いわゆる日共トラック部隊事件で警視庁に逮捕された。昭三二・一〇・八、起訴。同月二八日保釈、同日詐欺罪で再逮捕。昭三二・一二・二五保釈。昭三八・九・二〇、東京地裁判決(懲役五年)、同日控訴。昭和四一・二・六、東京高裁判決(懲役二年六月、執行猶予五年)。昭四一・八・二決定(上告棄却)。昭四二・九・一六(確定)。(公訴事実として「被告人大村英之助、同原野茂一、同富田治彦は法定の除外事由がないのに拘らず、共謀の上、昭和二十九年十二月ごろ東京都千代田区内幸町三丁目二番地所在富国ビル内等において、被告人ジョセフ・ベェチェニックに対し、対外支払い手段である米国通貨十万ドルを代金少なくとも三千六百八十万円以上で売却し、以て対外支払手段を所定の外国為替公認銀行等以外の者に売却したものである。4昭三八・九・七、日本共産党本部で行なわれた中央委員会主催第三回文化活動家特別教育に出席した。5昭四二・七・二四、朝鮮大学校認可について、美濃部東京都知事に対する要請および署名に参加した」

＊

第四の人物が清川勇吉である。明治四十五年四月二十三日生、当時の職業は朝日新聞社欧米局勤務である。

(一)概要は次のとおり。
「清川は、朝日新聞社モスクワ特派員として終戦直後対ソ協力を誓約した民主グループの一員であるが、終戦後日本大使館員らと共に抑留され、昭和二十一年五月引揚げた。ラストボロフは清川につき『引揚直後私と接触し、その後ニキショフ(司令部外交部員)、シュリコフ(経済顧問)と連絡したが、彼は価値のない情報しか持って来なかった』と供述しているが、清川はこの事実を否認している」
(二)身分関係として、(1)本籍・愛知県設楽郡豊根村大字下黒川下中一六、(2)住所、(3)学歴(4)職歴、(5)家族、(6)財産等が記載されている。
(三)ラストボロフ供述として、「コードネーム〝オカダ〟は戦争末期のモスクワにおける新聞社の特派員であった。彼は帰国後私と連絡したが、その後ニキショフ、シュリコフと連絡した。〝オカダ〟は一九五一年(昭三十六)から東京の朝日新聞社で働いており、彼は価値のない情報しか持って来なかった」
(四)捜査経過として、「上記ラストボロフ供述に基づき捜査に着手したが、その後米側からラストボロフの追加供述が次のとおり通報されてきた。〝オカダ〟は、眼鏡をかけ背が低く、キヨカワ・ユウキチと同一人物である。彼は一九一二年(明四十五)生れで東京外国語学校商業課程の露語科を卒業し、一九三八年(昭十三)から一九四一(昭十六)まで広島陸軍予備学校でロシア語の教官をしていたが一九四一年(昭十六)東京朝日新聞の編集部に入社した。一九四六年(昭二十一)五月、日本の外交団と共にソ連から引揚げ、同年八月毎日新聞のワタナベ・ミキオ、共同通信のサカタ・ジローとともにソ連に関する講演を行なった。一九五二年（昭二十七）にはソ連事情研究会の会合に出席し、同年四月発行の機関誌『ソ連研究』に論説を寄稿することに同意した。彼は大陸事情研究会の評議会員であった。

捜査の結果、ラストボロフ供述に該当する人物として、東京都練馬区下石神井二～一三八一、朝日新聞東京本社外報部員、清川勇吉、明治四十五年四月二十三日生、が認められたので、同年八月十四日警視庁に任意出頭を求め取り調べた。清川は一応供述したが、誓約やソ連諜報機関に情報を提供していた事実については否認した。しかし、昭和二十九年八月二十五日東京地方検察庁長谷検事に対し国家公務員法違反被疑者日暮信則が供述した内容から清川の容疑性が推測される」

＊

第五番目の人物が志位正二《まさつぐ》である。大正九年生、当時の職業は、外務省アジア局第二課勤務とある。

（一）概要として、「志位は、在奉天第三方面軍諜報部主任参謀として終戦を迎え、ソ連に抑留されたが対ソ協力誓約をして昭和二十三年十一月引揚げた。引揚げ後は昭和二十四年二月米陸軍情報部地理課に勤め、昭和二十八年十一月から外務省アジア局調査員となった。この間昭和二十六年九月ごろから約四十回にわたりラストボロフに連絡し、勤務先で入手した日本の再軍備状況などを報告し、報酬を得ていたが、ラストボロフ亡命後不安を抱き、昭和二十九年二月五日警視庁に自首したものである」

(二)身分関係には、「(1)本籍として、東京都世田谷区代田一～六三五～一、(2)住所歴(七カ所)、(3)軍歴(陸軍幼年学校卒、第三十七期)、陸軍士官学校卒(第五十二期)陸軍大学卒(第五十九期)、陸軍少佐任官等、(4)抑留歴として、奉天第一監獄、ソ連北ウラル所在内務省直属の強制労働懲治所、ソ連邦カザフ共和国東カザフスタン州所在、ウスチカメノゴルスク捕虜収容所、ヂェズカズガン収容所、次いでカラガンダ収容所、ナホトカ収容所、昭二四・一、舞鶴に引揚げ等、(5)職歴、(6)家族として、妻、実母、弟二人の氏名と生年月日、(7)資産・収入として、不動産なし。米極東軍からの月給が二万五千円から三万円、外務省からは月一万五千円くらい(手取り)」と記されている。

(三)手先として発見されるに至った経緯には、次の通り記載されている。

「1端緒、昭和二十九年二月五日、本人が警視庁に自首したことによる。2自首の動機とその状況、昭和二十九年二月三日、その日は節分で午後七時三十分ごろ志位は妻とともにNHKのラジオ放送に合わせて豆まきをしていた。当時志位の住んでいた部屋は丸信壮アパート二階の角にあって、窓の一面は道路に面していた。豆まきが終わって窓を閉めようとしたとき、窓下にある電柱のかげから合図のような口笛を吹いている人影を発見した志位は、いままで連絡を続けてきたソ連側から何か新しい連絡がきたのではないかと直感し、それを確認するために五分くらい経ってから妻に仁丹を買ってくると言って外へ出た。志位はアパートの門から二十歩ぐらい歩いたところ、後方から人の近づいてくる気配を感じたが、そのまま歩き続けた。そして、丁度道路の曲り角まで来た時、ふいに背後から肩をたたかれ、振り向くと片手をジャンパーのポケットに突込んだ一人の男が、志位の胸あたりをつかみ『ソヴェルシーチェ、サモウピーストヴォ(自殺しろ)』と低く鋭いロシア語で言ったかと思うと小走りに立ち去った(この男は昭和二十六年九月ラストボロフが初めて志位を訪ねた時乗ってきたジープの運転をしていた中国人風の男であった)。志位は意外な出来事に言葉も出ず、しばらく呆然と立ちすくんでいたが急いで仁丹を買って帰宅した。

志位はこの時から生命の危険と極度の恐怖感に陥り、次のような身のふりかたを考えた。○ソ連側との関係を打ち切り、目の届かぬ所へ逃げる。○治安当局に一切を打ち明け、生命の保護を求める。このいずれかの方法以外に自分を救う道はないと心に決めるとともに、このときはじめてこれまで自分がやってきた行為の重大さに驚き、自責の念にかられた。志位には組織的に応援してくれる背景もなく、また人には打ち明けて相談するわけにもいかなかったので、自分自身で解決しなければならず、一瞬自殺をも覚悟するぐらいに悩み、その晩は悶々として寝つかれなかった。翌二月四日になって午前九時ごろあてもなく外出し、一日中都内をブラブラ歩きまわって考えてみたが、自分自身ではなんともすることが出来ず、決心がつかないまま夜十時ごろ帰宅した。

そして彼はついに妻に一切を打ち明ける決心をした。それまで何も知らせていなかった妻を裏切るような気持ちで辛かったが、勇気を出して打ち明けた。妻はあまりのことに驚いたが、何を考えるでもなくただぼんやりしているだけであった。こんな妻をせかせて志位はボストンバッグにわずかな下着と貯金通帳を詰めさせ、とにかくここにいては危険だから逃げられるところまで逃げようと思い、午後十一時過ぎ二人でアパートを抜け出した。近所の人に気付かれないよう素足で階段を降り、すぐタクシーを拾って上野駅へ行った。上野駅を選んだ理由は特になかったが、そこは人が多くて目立たないし、地方行きの列車が多いので逃げるのに都合が良いと思ったからであった。駅前でタクシーを降りると、客引きが寄ってきて旅館をすすめた。二人は時間も遅いし疲れていたので近くの旅館で泊まることにした」

〔10〕 最後の連絡

「二人は一晩中今後の逃走方法について話し合った結果、所持金の続くかぎり逃げ回るか、警察に自首するかのいずれかに決めることにした（後略）」（5自首にもとづく捜査経過）

志位がラストボロフと最後の連絡を行ったのは昭和二十九年一月二十二日（金）、千代田区富士見町二～九先路上（東京警察病院裏）であった。この連絡の際、ラストボロフは緊張した面持ちで、「私との連絡はこれで終わりである。今後はこの者と連絡して欲しい」と言って一人のソ連人風の男を紹介した（注記▼ラストボロフは亡命後ソ連代表部のノセンコであると語っている）。

そして、次の連絡日は二週間後の二月五日(金)午後七時三十分同じ場所で、と指示された。しかし、その日は志位が警視庁に自首し、今後彼らとの連絡は一切しないと自供したので警視庁では数時間後に迫った連絡指定時刻に捜査員が張込み、相手の確認にあたったが該当人物は現われなかった(後略)(注、連絡がとれなかった場合は次週の同一場所、同一時刻に行うという約束だったので、次週の二月十一日に前回同様に、人物確認にあたったが、遂に該当人物は発見に至らなかった)。

(四)活動状況は次の通りである。

「1　誓約状況」志位は昭和二十年四月から在奉天第三方面軍情報主任参謀をやっているとき終戦を迎え、同年十一月戦犯容疑でソ連軍に逮捕された。その後収容所を数回移動したが、昭和二十三年四月下旬ごろからカラカンダ市第二十収容所で労働に従事、通訳兼労働監督の仕事を担当した。当時収容所にはモスクワから来たと噂されていた内務省系の一中佐が、毎日少数の日本人捕虜を収容所外に連れ出し、ソ連人通訳を通じて何度か尋問を行っていた。

ある日、志位もその中佐に呼ばれて「将来ソ連に協力する意思はあるか」と尋ねられ、志位は「日本の独立と将来の平和のためにはいずれの国とも協力する。それが私ども旧日本人将校として祖国に対する当然の義務であると思う。しかし、こと天皇に関するかぎり貴方とは意見が違うようだがそれでもよいか」と答えた(志位は当時自分は生粋の天皇主義者であったと主張している)。すると同中佐は「かまわぬ、ソ連は永い将来にわたって平和を欲している。また決して革命を日本に輸出しようとは思っていない」と柔軟な態度で接してきた。それで志位は一応ソ連に協力する旨承諾した。

この翌日、志位は再び同中佐のもとに呼ばれ、「現在の心境を日本語でかまわないから書くように」と命ぜられた。志位は「米ソ対立の中間に位置する日本人として、将来進むべき道は平和で、それがたとえ局部的なものであろうとそれを確保することが必要である」という意味のことを書いて出した。

次いで当日の午後、同中佐は志位の上半身の写真(正面・側方・斜め前方)を撮影し、罫紙を出して「通訳の言う通り誓約書を書くように」と言った。志位がここでちょっとためらうと同中佐は「軽い気持ちでサインしておけば、早く帰国できるし日本のためにもなる」と言って署名を促した。当時、志位の気持は敗戦後日本軍人の捕虜として、将来に対して身の危険と不安を感じていたのでしかたなく言われるままに日本語で次のような誓約書をペン書きで作り、これに署名して提出した。

(誓約書の内容) 私は帰国後、ソ連邦内務省の所属機関に対して協力致します。もし、協力しない場合はいかなる処罰を受けても差し支えありません。一九四八年四月　志位正二
誓約書の提出が終ると次に帰国後最初の連絡のための合言葉について打ち合わせがあった。同席していた通訳が日本の万葉集から歌をとったらいいだろうと提案し、山上憶良の歌で、「おくららは　いまはまからむこなくらむ　そのかの母も吾をまつらむぞ」と決め、この歌を二つに分けて、連絡員がどちらかの半句を言ったとき、志位が他の半句を答えることによって連絡を取ると言うことになった。

さらに同中佐から○帰国後日本共産党、旧軍部、米軍当局に一切関係しないこと○自分から進んでソ連代表部に連絡しないこと、との注意が与えられた。

「2　スパイとなった動機」志位が米極東軍情報部に勤務してから約一年半を経過した昭和二十六年九月は、サンフランシスコ条約の締結時期であった。志位は、日米安全保障条約を含めて講和条約の内容は寛容でも、平等の立場にあるものでもなく、わが国にとってきわめて屈辱的なものであると考えた。それは米国が昭和二十五年の朝鮮戦争を契機に日本をアジアから切り離し、自国の帝国主義的な野望の一環として行われる政策を日本に対してとりはじめていると感じたからである。

米国のデモクラシーというものは、結局米国人だけのもので、いわば他国民を犠牲にしてそのうえに自国民の安全と繁栄を築きあげるというきわめて利己的なものである。この押しつけられた条約のもとで日本がこのまま進めば再び日本民族に破局と絶滅をもたらす戦争に追い込まれることは必至である。こう考えた志位は、なんとか戦争に反対して平和のうちに日本の真の独立を獲得し、日本民族を自由な方向に導かなければならないと思い、そこで自分がなしうることはソ連に協力してソ連・中共と平和関係を結び、そのうえでソ連から米国へ圧力をかけてもらい、最後に米国を日本から追い出すことにあるとの思いにかられ、これを動機としてこの道に入ったのである。

「3　最初の連絡」昭和二十六年九月七日(金)志位はいつものとおり朝六時五十分ごろ米極東軍へ出勤のため自宅(当時世田谷区経堂町五○　野村方に居住)を出た。すると近くの路上に一台の小型ジープが停車しており、そのジープから降りてきた一人の外人が英語で「たばこの火を貸してくれ」と話しかけてきた。志位はもっていたマッチをすってやると、その外人は自分のポケットから紙きれをとりだし、無言のまま志位のワイシャツのポケットに入れた。志位がこれを見ようとするとその外人は「あとで」と言い残してジープで去っていった。この時の運転手は四十歳くらいで一見中国人風の男であった。

その後、志位は東京駅行きのバスに乗り、さきほど渡された紙きれを出してみると「子供も母親もあなたを待っています。次週の金曜日の午後七時三十分から八時の間に帝国劇場の裏で会いたい」と平仮名と漢字混りで書いてあり、場所も図示してあった。これはソ連に抑留中約束した合い言葉で万葉集の山上憶良の歌の一部であった。志位とラストボロフの連絡はこのようにして始まった。

「4　連絡状況」の要旨は次の通り。志位は、昭和二十五年六月、在日米軍の「四四一ＣＩＣ」（千代田区丸の内所在郵船ビル内）の係官からソ連に抑留中のことについて取り調べを受けた。その時、ソ連での誓約事実について真実を述べたところ「もし、ソ連代表部から連絡にきたら当方に通報して貰いたい」との依頼をうけていたため、ラストボロフから初めて連絡されたときには、ＣＩＣに連絡すべきかどうか迷って、ＣＩＣは自分が正直に実行するかどうかを試しているのかも知れないと思い、ソ連側との連絡日であった九月十四日以後に返事をしようと考えたが、「本当にソ連側が自分を必要として会いに来たのだと思ったから、その後ＣＩＣにはなにも知らせなかった」。

第一回の連絡はソ連代表部であり、ラストボロフからロシア語で「あなたの任務は日本の再軍備状況と政治情報を報告することである。上司はあなたに期待している」と言い渡されている。昭和二十六年十月ごろ、初回同様帝国劇場裏でラストボロフに会い、ラストボロフ自身が運転する車でソ連代表部に向かい、具体的に、情報をロシア語で書くこと、情報源を明らかにすることなどを打ち合わせている。

志位がソ連代表部に行ったのは、この二回だけで、その後は、都内各所で、昭和二十六年約六回、二十七年約十六回、二十八年約十五回、二十九年一月八日並びに二十二日の二回で、志位はタクシーを利用して遅れないようにしていた。ラストボロフは、志位に対面するように歩いてきたが、後ろからの場合は口笛を吹いた。便所で連絡するときは、隣り合わせで小用を足すふりをして連絡用紙を手渡している。

毎週金曜日を連絡日として、変更がある場合には、ロシア語でタイプしたメモが入ったマッチ箱が渡された。時間は、三月ごろまでは午後六時半、四月から六月にかけては午後七時半、七月から九月までは午後八時半と、安全を考えて暗くなる時間を周到に指定した。時間厳守(時計は時報で調整する)、待ち合わせは五分以内、危険を感じたら絶対連絡しない、連絡用紙は、靴の敷皮の下や帽子の汗取りの内側に隠すこと等と、細部にも注意している。

「5　ラストボロフの要求情報」と「6　志位の提供情報」とを併せて整理すると、①日本の再軍備に関すること、日本の再軍備の現況、主として保安隊(現在の自衛隊)の編成、装備、配置、教育訓練、幹部の素質、補充に関する事項　②国内政治に関すること○吉田内閣の対外政策の性格○中共、ソ連に対する政策○昭和二十八年衆参両議院選挙の見通し○各政党の再軍備に関する政策③朝鮮戦争に関すること○米軍はなお局部的な攻撃能力をもっていること○米空軍が戦爆連合作戦に転ずるであろうとの見通し○米軍全体の質が低下していること○国連軍が休戦交渉に入る希望をもっていること○休戦交渉が決裂した場合、米軍は中国本土への爆撃、中国沿海の海上封鎖を実行し、かつ北朝鮮に対し新たな侵攻作戦を行なうであろうという見通し　④米軍に関すること○沖縄には既に戦術用の原爆およびその搭載機が到着していること○将来北海道。、南朝鮮などにも原子砲が配備されるであろうこと　⑤勤務上知り得たこと○米極東軍情報部に勤務していた当時の職務内容○外務省に勤務してからの職務内容○日本外務省の情報活動実態。きわめてルーズであり、その方法は主として新聞雑誌などによるもので諜報活動は行っていないという内容である。

「7　関係人物」として、志位が過去四回見たことがある中国人風の男と、ラストボロフから引き継がれたソ連人についての記述がある。

「8　報酬」に、報酬はすべてむき出しまたはクリップでとめた千円紙幣で手渡された、とある。四ないし五週毎に支払われ、一回の金額は大体一カ月分に相当し、逐次一万五千円から四万円までに増額され、カメラ代の三万円を含め合計六十八万五千円にのぼった、とあり、志位は妻に対して一切を内密にしていたが、三万円を生活費に充当していた。

[11] 志位正二の自首

ラストボロフは、山本公安第三課長が渡米した際、写真で志位正二を特定して、次のように供述した。

「彼はロシア語のうまい旧日本陸軍少佐で、陸軍大学の出身である。志位の父は、元日本陸軍将官で戦時中戦死したが、この父親の戦死が志位に強い反米感情を抱かせる結果となった。志位は戦後シベリヤで捕虜として抑留され、ここで対ソ協力の誓約をし、帰国後活躍した。すなわち私は米軍情報部に勤めていた菅原を通じて志位の住所を知り、昭和二十六年九月から彼と連絡をもつようになった。彼が提供してくれた情報の中には、米極東軍情報部が作成したシベリヤおよび中国の都市の地図も含まれていた。米軍の配置情報はいずれも貴重なものであった。こうして彼に月額約四万円の報酬を与え、一九五四年(昭二十九)一月二十二日まで連絡を続けた。彼の弟は日本共産党員であった。彼は米極東軍を解雇されてから外務省に勤務するようになった」

ラストボロフは、昭和二十七年十月ごろ、日本共産党内に組織されたと噂される軍事委員会に関する情報も要求していた。志位正二は志位正人陸軍中将の次男。五男の志位明義は日本共産党員で船橋市議会議員をしていた。

志位正二は自首したが罪には問われていない。警視庁は、本人の身辺に対する危害防止にあたっているが、特異なことはなかったとする。

しかし志位は、不安な中で妻の実家がある舞鶴市に引っ越し、その後、昭和三十年二月に千葉県四街道に、昭和三十二年二月に小平市学園西町にと住居を変え、「総括」の記録には、四街道にまた戻ったことが記載されている。職業は、ソ連東欧貿易会で調査(ロシア語の通訳)をやるかたわら著述業を営んでいるとする。月日の経過とともに二度と諜報行為をしないとの誓いがぐらつき、再びソ連大使館員と連絡していると目され、注目すべきものがあると記されている。昭和三十八年六月から七月にかけて経済使節団として訪ソ、昭和四十年一月二十一日、ソ連大使館武官補ゴルシコフから、米国の原子力潜水艦のことなどについて電話で質問されている。同年二月二十三日には、赤軍記念日にソ連大使館に招かれ、米軍人に知人はいないか、湘南に旧軍人が多く住んでいると聞くが本当かなどと聞かれている。

＊

志位は以降も、ソ連大使館員、通商代表部員と連絡をとったとしている。その後、海外石油開発株式会社常務となり、一九七三年三月三十一日、シベリアのハバロフスク上空を飛行中の日本航空のダグラス ＤＣ８型機の機内で死亡した。

佐々淳行著『亡国スパイ秘録』(四七頁)に、「死因は脳溢血とされ事件性は否定されたが、『ご用済み』になってKGBに『消された』との噂は絶えなかった」とある。

＊

ラストボロフは、志位正二の住所を米軍情報部にいた菅原を通じて知ったと供述しているが、菅原とは菅原道太郎のことで、当時、米国陸軍第五〇〇情報部顧問であった。明治三十二年二月十八日生。「総括」には、七番目の人物として掲載されている。

「(一)概要。菅原は樺太豊原市大政翼賛会支部事務局長をしていたが、戦後ソ連に抑留されハバロフスク収容所において対ソ協力を誓約、昭和二十二年七月十一日引揚げた。その後、昭和二十四年十月郷里の札幌市から上京し在日米陸軍民間情報部(丸の内郵船ビル)においてアジア地域地理の調査分析に従事した。引揚後四年を経過した昭和二十六年七月二十日夜、突然ソ連代表部員ポポフの呼出しを受け、その後約三年半の間三十余回にわたりラストボロフに対し日本の政治、経済、あるいは保安隊(自衛隊)の情報を提供していた」

「(二)身分関係」には、本籍が北海道勇払郡安平村早来番外地と記載され、住所歴には、樺太庁の官舎、昭和二十年八月から二十二年七月までの抑留期間後には、札幌市南委一六条西一〇~六、上京して港区麻布にあった樺太庁残務整理事務所宿泊所、豊島区高松町二~一八、目黒区駒場町七三〇などの住所が記録されている。最終学歴は北海道帝国大学農学部卒業である。著書、寄稿が七件記載されているが、ソ連に自由ありや、ソ連の解剖と題する記事もある。家族は妻と昭和二年一月一日生の長男であった。

(三)ラストボロフ供述は次の通り。

「1昭和二十六年七月か八月ごろポポフが極東軍司令部地理課勤務員スガワラ・ミチタロウの呼出しを行なった。2スガワラは勤務先の計画情報を報告した。スガワラが協力者として活動するようになった動機は金欲しさからと感じられた。彼は月額三万円の謝礼を受けていたが、私には大学に行っている息子に送る金が欲しいと説明した。3私は、最近スガワラが提供する資料は新聞の書き写しや日本地図に米空軍基地の位置を示した程度のもので、日本の雑誌から集められたものであるように感じられた。4スガワラは反ソ的な著者とソ連側に記録されているが、これは表面的な偽装で、ソ連のスパイとしての疑いを逃れるためにとったものと思う」とある(注記▼前述した手先の庄司宏も、毎月三万円の報酬を受け取っていたが、当時の三万円が相当な高額だったことは、小学校教員の初任給が七千円から八千円だったことから容易に推し量ることができる)。

ラストボロフ供述に基づき調査をすすめ、朝霞のキャンプ・トウキョウにつきとめ、写真撮影をして、数十枚の写真を、捜査官が渡米した際にラストボロフに示して同一人物であることを確認した。昭和二十九年八月十四日警視庁公安第三課に菅原の出頭を求め、刑事特別法第六条(合衆国軍隊の機密を侵す罪)として任意に取り調べた結果、対ソ協力誓約と手先としての活動の事実が明らかになった。

菅原は「事件発覚後ソ連側との連絡を打ち切った」と「総括」は確定的に書いている。昭和三十年には、国際商工会議所日本国内委員会事務局員、昭和三十一年には、愛知用水公団に入社する。そして、昭和三十六年四月に日本工営株式会社(千代田区内幸町二―一―八)農地部の技術顧問となった。国連でメコン川流域の開発を行うこととなり、同社でもその調査・計画・設計等を担当したため、昭和三十六年十一月以降四回も東南アジア地域へ出張して活躍して、国際協力事業団の報告書等が残っている。

*

米国国務省を経て、警視庁公安部に回されてきたラストボロフの供述によれば、「田村敏雄は、コード暗号名を『フジカケ』といった。終戦当時は満洲で副知事のポストにあった。そして捕虜収容所で獲得され、引揚げ後私の働きかけによりソ連のために働くことになり、わずかの情報を提供した。一九五三年(昭和二十八)七月ごろ、連絡を打ち切ったが、その間五十万円を与えた」とあったが、元満洲国副知事の該当者を探したが、発見できなかったので、昭和二十九年に、山本公安第三課長が訪米した折に、新しく次のような供述を得た。

「田村はタシケント収容所で獲得された。そして、一九五一年五月ごろから一九五三年七月ごろまで手先として東京で利用した。連絡は毎月一回か二回、水曜日か木曜日の午後八時、三菱二一号館か神宮外苑付近で行った。月二万円を与えていたが、一回だけ五十万円を与えたことがあった。これは彼が数名の者とある国際協会を設立する設立するための援助金だったと思う。この金は返済されなかったが、再度三十万円の借金を申し出てきたので、これは断った。最初の借金は昭和二十六年七月か八月ごろ、二度目は昭和二十七年末か二十八年初めごろであった。田村の価値は当時大蔵大臣であった池田勇人氏との交友関係と池田氏のように政治を手掛けている人物から入手する情報にあった」

この追加の供述からコード名「フジカケ」の手がかりが絞られ、「当時池田大蔵大臣が関係していた財団法人『大蔵財務協会』の退職者の中から田村敏雄なる人物を抽出することができた」。

田村は、東京帝国大学経済学部を卒業後、大蔵省に勤務し、昭和七年に仙台税務署長を退職、満州に渡っている。満洲国財政部に就職し、大連税関長を務めた後、浜江省次長に就任していたときに終戦を迎えている。ラストボロフの副知事とは、次長のことだった。

昭和二十年十月ソ連に抑留され、昭和二十五年一月に舞鶴に引揚げたが、自由党の池田勇人氏と親交があったので、池田氏の世話で大蔵財務協会に嘱託として就職したという事実が判明した。大蔵財務協会は大蔵省の外郭団体であり、昭和二十七年七月には田村は同協会の理事長に就任するが、ラストボロフが失踪して新聞を賑わせていた昭和二十九年二月には退職していた。

「昭和二十九年八月十四日早朝捜査員が田村宅を訪れて、警視庁に同行を求め公安第三課において任意に取り調べたところ、田村敏雄は、昭和二十六年四月から同二十八年三月の間ソ連代表部二等書記官ラストボロフと連絡し、政治、経済、財政関係情報を提供していたことを供述した」

＊

田村は、ハルピンでソ連軍によって逮捕され、まず沿海州にあるグロテコウ収容所に送られ、二カ月後にカザフ共和国のウスチカメノゴルスク収容所に送られ、十カ月後に、ウズベク共和国のチワマ収容所に送られた。前後三回にわたりＭＶＤ将校に呼び出され「浜江省次長当時の活動歴、満州国の対ソ工作」などについて取り調べを受けた。その後フィルガナ収容所に移送され、昭和二十二年八月ごろ作業終了後収容所内の一室に呼び出され、チワマ収容所で取り調べをうけた少佐の階級章をつけた男から前回同様の取り調べを受けた。その後、取り調べは二回行われたが、この間、戦犯容疑を免除することを条件に対ソ協力をせまられ、これに抗しきれずに遂に誓約した。

誓約書は半紙大の紙に日本語で「このことは帰国しても妻と言えども他言しない。もし違約した場合は処罰されても異存はない」と書き加え署名させられた。合い言葉は「タシケントからよろしく」で、「ご苦労さん、ありがとう」と返事するように指示されたが、昭和二十三年十月ベゴフード収容所で再び取り調べを受けた際、「あなたに金を借りていた九州の友達がよろしく」と言われたら、「それは返さなくても良い」と変更された。昭和二十六年四月二十三日(月曜日、都議補欠選挙の日)午前十一時ごろ東京都中野区の自宅に二名の外国人が来て、合い言葉を照合、「次の木曜日に帝国劇場前に来い」と指示した。

[12] 宏池会初代事務局長・田村敏雄

小林秀夫・早稲田大学名誉教授が執筆した「田村敏雄伝――自民党派閥宏池会初代事務局長・池田勇人の高度成長政策を支えた人物」と題する「アジア太平洋研究」No.28(March 2017)に掲載された学術論文が早稲田大学のサイトに蓄積され、ネット上で公開されている(そのリンク先は、https://waseda.repo.nii.ac.jp/?action=repository_action_common_download&item_id=36595&item_no=1&attribute_id=162&file_no=1である)。

さらに、その論文は単行本として教育評論社から二〇一八年二月に出版された。二〇二一年六月現在でも絶版にはなっていない。単行本と元の学術論文との違いは、単行本にするにあたって写真や地図が加えられた一方、関係者の住所がぼやかされていることなどで、本文自体には大きな相違はない。但し、参考文献が、単行本では、関係者、関係機関、研究書、資料、田村著作、地方史と分類されて、より詳細になっている。

単行本の冒頭に、一九三二年七月十二日、大蔵省満洲国派遣団渡満時の東京駅で、勇躍展望車で出立する一行の写真が掲げられ、田村敏雄が星野直樹団長の左側に写っている。二枚目の写真が、国立国会図書館蔵の「進路」(田村敏雄追悼特集号、昭和三十八年八月号。田村が編集主幹であった)の表紙写真を転載している。興味深いことに、田村敏雄の肩書きが宏池会代表となっているが、宏池会の単なる事務局長ではなかったことを意味するのか、しかも当時は珍しい蝶ネクタイ姿の写真だ。雑誌「進路」は、田村の自宅を事務所にして、昭和二十九年五月に創刊された。つまりラストボロフ事件で、田村が警視庁公安部から尋問される三カ月前のことである。

単行本の末尾には、「田村敏雄に関するCIC文書」と題して、米国国立公文書管理局(NARA)を調査して、小林教授が入手したと思われる資料が添付されている。学術論文の方には、「富田武氏(成蹊大学名誉教授)からは、アメリカNARAの田村敏雄関連文書(シベリア抑留、帰国後の活動)の提供を受けた」との謝辞があり、単行本では「富田武氏からNARA調査に際して貴重な助言をいただいた」と書かれている。写真資料であるから、英文の詳細は判読し難いが、邦訳文が右ページについている。例をあげると、「一九五四年八月三十日、旧ソ連大使館のスパイだったと告白した田村敏雄が当局に対して自殺の意図を表明したことをCIIV—665が明らかにした。田村に対して刑事訴訟を行う計画はなかった」との記載や、「田村は現在渋谷区円山町□□の池田勇人の所有する家に住んでいる」との記載もある。

「総括」の田村敏雄関連の最後の項目として「事案後の動静」と題する記述がある。そこには「1田村は昭和三十五年五月池田首相の後援会〝宏池会〟の事務局長になった。田村はソ連代表部とは、昭和二十八年三月から連絡していないと述べているが、田村の捜査は新聞等に発表されていなかったことからみて引き続き諜報活動を行なっているのではないかとの疑いがもたれたので、昭和三十五年十月から昭和三十七年八月の間再び内偵捜査した。その結果、前記後援会事務局長のほかアートフレンド・アソシエーション理事、拓殖大学講師、大妻女子大学講師などを兼務し、年収約百万円を得ていることが判明した。2昭和三十八年八月五日　死亡」と淡々と記載しているが、しかし、公安警察は、田村敏雄をスパイ活動から無罪放免したと気を許してはいないことが窺える。

*

『田村敏雄伝』の帯には、「自民党・宏池会をつくった男、『所得倍増』を柱に、世界に類を見ない高度経済成長を成し遂げ、日本を経済大国に押し上げた池田勇人、その池田を陰で支え、名門派閥・宏池会を池田とともにつくり上げたその人物とは」とあり、帯の裏には「宏池会は池田勇人を中心とした政治家達によってつくられた派閥集団であるが、その組織の中心にあって池田を支えた人物の一人が本書の主役である田村敏雄だった。現在では、彼の名を知るものは少ない。宏池会の関係者の間でも、名前は聞いたことがあると語る若手議員はいるが、その人物像を語れる者は皆無に近い。(略)著者が、田村敏雄の自伝を手掛ける第一の理由は彼をして、それにふさわしい歴史的位置を与えたいという点にある」と書かれている。

田村の満洲国時代の上司であった古海忠之は、星野直樹に率いられて田村と共に、満洲に渡ったが、昭和十六年に商工省次官として帰国した岸信介の後に、満洲国総務庁次長に就任した人物である。田村同様にシベリアに抑留されたが、後に、中国共産党に引き渡され、撫順戦犯管理所に収容され、一九五六年に禁固十八年の判決を受けるが、六二年二月に出所、三月に渡満から三十一年ぶりに帰国する。田村が死去するのは同年の八月であるから、田村は病をおして羽田空港に古海の帰国を出迎えに行っている。古海の田村の葬儀における弔辞は、友人代表にふさわしいものであり、日本の満洲国統治について、簡潔に要点を纏めている文章ともなっている。

「昭和七(一九三二)年春満洲国が成立した直後、満洲国から大蔵省に財政金融の担当者派遣の要請があったとき星野直樹氏を頭として私達が決意も固く勇躍満洲国入りをした当時の君を私は忘れることが出来ません。その時から満洲国最後の日まで君は満洲開発のために、祖国日本のために情熱を傾け奮闘し続けたのでした。

最初君は財政部税務司国税科長として紊乱した税制を建直し厳正な徴税大成をつくり上げ満洲国財政の基礎を固める大任を果たし、後に税務司長とし税務行政にいささかの渋滞不安も感じさせませんでした。当時、治安状況が極めて悪かった豊庫東辺道を開発するため通化省を新設した際、君は初代次長に選ばれ挺身その難局に当り治安を恢復し満洲産業の開発に大きな貢献をしたのでした。満洲国の末期北満の要衝浜江省の次長として手腕を振い大蔵省出身の官吏であって地方行政部門に進出して治績を上げた君は私達の誇りでもありました。

教育方面に於ける君の識見才能は万人の認める所でした。君は文教部教育司長として全満の教育行政を統べ教育普及向上に力を尽し又大同学院首席教授を担当し幾多有能な満洲国高級官吏を育て上げました。君の共和会運動に関する大きな功績も見逃すことは出来ません。こうして君は行くところとして可ならざるはない私たちの万能選手でした」

しかし、古海は、中国共産党の洗脳工作に屈服せずに、撫順の牢獄に繋がれた。田村がソ連の手先に堕して、報酬を稼いでいたことを知っていたのだろうか。

*

三好徹著『小説ラストボロフ事件』は、はじめ雑誌に分載されたが、一九七一年講談社から単行本として出版され、後に廣済堂文庫本となった。著者は文庫本のあとがきに、「題名に『小説』と冠されているが、じつをいうと小説的な部分はきわめて少い」「日本側の関係者については、実名を用いることを避けたのは、そのころほとんどの人が健在だったからである」と書いている。

田村敏雄については、その文庫本では、暗号名をフジとする人物として、一六一〜一六四頁にかけて記述されているが、「大蔵省の時代の友人で、その頃は代議士になっている人物の紹介で、大蔵省の外郭団体に入った」とまでは書いても、後の池田勇人総理の名前を出してはいない。「で、その政治家は、いまでもフジにMVDの息がかかっていることを知らないのですか」「知るも知らぬも、その政治家は死んでいるよ。それにフジ本人もすでにこの世にはいない。因縁というのだろうが、両方とも同じ病気だった」「政治家はついに知らずに死んだのでしょうか」「フジが事務局長になったのは、昭和三十五年だった。ちょうど安保の年さ。フジは約三年間そのポストにいた。もし政治家が知っていたら、局長には据えておかなかったろうと思われるがね。しかし、真実のところはわかっていない。もしかすると、知っていて使っていたのかもしれない」と書いている。

文庫本の終わりに近い二三六頁には、「しかもその政治家は、フジの正体を知っても解雇しようとはしなかったのだ。(中略)もし情報がもれたら大スキャンダルになって日本じゅうがひっくりかえるような騒ぎになったでしょうね。それに、ラスから報酬をもらった多くの手先の中ではフジのそれがもっとも多額だったのですから、MVDに提供した情報もかなり価値があったとみていいわけです。それを考えると、大胆に過ぎるとか不思議だとかいう、通りいっぺんの感想では片付けきれないものを、わたしは感ずるのです」と書いている。

田村敏雄と池田勇人の名前を一九八六年発行の文庫本でも一切出していない注意深さで書かれている。

三好徹は「筆者は幸運にも、もっとも重要関係者の二名から、くわしく取材することができた。だから、作品を執筆しているときは『小説』でなくて、『実録』として発表したい誘惑にかられたものである」と自信作のほどを書き残している。「発表して何年かたったのち、印象に残っている出来事がある。一つは、中国へ行ったとき、北京の図書館で外国(中国からみて)関係の研究図書のなかにこの作品があったこと」を書き残して備忘録としている。

＊

当時、東京外国語大学助教授であった石山正三（大正三年二月二十三日生）が、「総括」に掲載された第八の人物である。しかし、報酬の額からしても重要人物とは考えられない。

「（一）概要）」は次の通りの記録がある。

「石山は東京外国語学校を卒業後、昭和十六年以降同校（東京外国語大学と改称）の助教授の職にあったが、昭和二十二年暮ごろ（ラストボロフは昭和二十一年と供述している）自宅に対日理事会ソ連代表部政治部顧問ペロフの訪問を受け翻訳ものを依頼され、手始めになんでもよいから雑誌の論文を翻訳してみることを要求され承諾した。この翻訳こそペロフの巧みな接近工作に過ぎず、その後当初の純然たる翻訳から次第に諜報的要素を含んだ報告へと進み、昭和二十七年初めごろまでの約五年間、ペロフの後任ポポフソ連代表部経済顧問、さらにその後任のラストボロフと三人にわたり、主として東京外国語大学の教授、学生らの経歴・思想・動向等を報告し、その報酬として総額十九万八千円、ロシア語の本約二十冊（一万円相当）を受領していたものである」

「（二）身分関係」で、家族関係が複雑でカネに困っている青白き戦後インテリの典型に見える。

「徳《とく》さん」筆者宛て解題
ラストボロフ事件　奇譚　学生を討った恩師

書類の整理を少しづつやっている。古希を越えた心得でもある。面倒な文書がある。処分するわけにも行かない。上下六三四頁。題して

ラストボロフ事件　外時警察資料　昭和四十四年四月　警視庁公安部
警視庁公安部　　部外秘　通し番号四〇×(判読不可)

小説になり、スパイものになり、テレビドキュメンタリーにもなった。どれも、ちょっと足りない。だが、総括の全文、関係者の供述、調書を読むとほぼ、わかる。戦前のゾルゲ事件に次ぐ、国際的事件であった。

昭和二十九年一月二十四日　ソ連代表部二等書記官ユーリー・ラストロボフが東京芝のローンテニスクラブから、失踪したのが最初だった。本国では、スターリンが死んで、その一の子分の秘密警察長官のベリヤが粛清された。ラストボロフには帰国命令が下っていた。ソ連側から、警視庁に捜索願が出たが、事情聴取には応ぜず、数日後にソ連側が内外の報道機関に米国が関与した失踪事件であると発表したにとどまる。

その二月四日　警視庁に元関東軍参謀の志位正二がソ連国内で、抑留されている間に、協力を誓

約し、帰国して勤めた米軍や外務省の情報を四十回に渡していたと自供したのだから、大騒ぎになった。志位は前日、自宅で、家族と節分の豆まきをしていたところ、庭から黒服の男が入ってきて、ロシア語で「サベルシャイチェ、サマウビッストバ」と押し殺した声でいったという。自殺しろという意味だ。

志位の自供から、広範囲なソ連諜報網が浮かび上がってきた。二カ月後、アメリカは、ラストボロフがアメリカに亡命したと発表。日本関係のエージェント三十六人のリストを送ってきた。このリストはほとんどがコードネームで呼ばれており、人物特定は至難だった。この年の七月山本公安三課長ら二人がワシントンの公安施設で、ラストボロフと面談。多数の写真とつき合わせて、本人確定を行っていった。

この時期、西ドイツのオットー憲法擁護庁長官(要するに公安トップ)がソ連に拉致されるという事件が起きている。米国も全貌を発表したのはこのオットーの拉致に対抗するかたちで、ラストボロフが自由意志で亡命したことを強調したかったのだろう。

ここまでは、大体、知られていることだ。いつまでも保管しているのもいやなので、最後だと思い詳しく読み返してみたら、二〇一頁にあっと驚いた。悪魔は細部に宿る。

協力者にわが母校の「恩師」の名前を見つけたのである。昭和二十二年から二十七年まで、ラストボロフやその前任者たちとあわせて七十回以上接触を取っていた。毎月第一月曜。午後六時から九時までの間が多い。

場所は新宿大ガード下が多い。日本の総合雑誌の翻訳、大学教員の経歴、思想動向、在学生や卒業生の名簿や経歴思想動向、などを提供している。ソ連側も「恩師」の妻が加療中で費用がかかるのはわかっていたのだろう。一回、二千円から五千円を支給している。そのほか書籍二十冊を受け取っている。他の情報提供者が一万円から五万円もらっているのに、大学の先生などずいぶん安く見られたものだと愚痴りたくなる。

文書には本籍から、家族名生年月日まで詳しく出てくるが、まあよいだろう。ただ、最初に翻訳のバイトに誘われたのがきっかけで、引きずり込まれて、金をもらうようになったとある。とかくバイトはやばい。

それぞれのケースにそれなりの事情がある。世相もある。シベリアの収容所で、三年も四年も重労働を食らったら、誰でも誓約書ぐらい書く。大マスコミの幹部三人が名前を連ねていることは付記しておこう。

食うか食われるかの世界は今でも同じこと。公務員以外は検挙できない、スパイ天国はこのままにはできない。世界にあざわらわれているのは否定できない。

教員をしばしやっていたことがあるので、昔の学生が「恩師」などという言葉を使うことがある。即座にやめろと怒鳴る。本音で言えば、あんたらの思想、心情、動向なんて、どこにも売れねーなーと本音を言いたくなるが、これはご法度。

〔13〕　石山正三と吉野松夫

石山正三の本籍が、東京都北区下十条一八三二で、住所は北区王子本町三―九―二石山弥市方に生まれ、昭和十九年四月から板橋区上板橋五―五一七三に居住しているとある。学歴、職歴、著書と続くが、家族の記載に特徴がある。妻との間に二男二女があることが記載されているが（注記▼妻は精神病のため昭二八・七ごろから武蔵野病院に入院していたが、昭三一・三・二六協議離婚した）と注意書きがある。後妻との間に一男一女をもうけている。

ラストボロフ供述によれば、「暗号名をイシカワと言い東京外国語大学のロシア語教授をしていた。たしか巣鴨拘置所近くに住んでおり、年令は四十五歳位であった」。警視庁は、その供述に従って捜査しても、東京外国大学にイシカワの名前の教授がいなかった。似た姓の石山正三助教授が浮上したが、住所がラストボロフ供述とは異なっていたことから断定が出来ずにいたが、昭和二十九年七月に山本課長が訪米した際に、石山の写真をラストボロフに見せて該当者であると判明した。

「昭和二十九年八月二十五日早朝石山宅に捜査員を派遣し、警視庁に任意同行を求めて取り調べた。彼は非常に口が重く、事実を否定こそしなかったが煮え切らない態度で取調官の質問にやっとボソボソ答える状態であった。しかし、取り調べの結果、彼がソ連側と連絡するようになった経緯や連絡した場所、提供した情報内容が明らかになった」

石山は報酬として、書籍約二十冊のほか、現金を受け取っているが、「総括」は「なお、現金の大半は精神病で入院中の妻の療養費に充てた」と石山の調書の最後の文章として追記されている。

＊

「総括」に掲載された第九番目の手先が、吉野松夫（大正四年十月二十五日生、当時の職業　連邦通商株式会社取締役）である。

「吉野は、戦前、ハルピンで特務機関員として白系ロシア人開拓団の指導にあたり、その後ロシア新聞〝ヴレーミャ社〟の編集局に勤務していたが、昭和二十年九月ソ連軍によりハルピンで抑留され翌年十月帰国した。引揚げ後はソ連文を翻訳して雑誌等に投稿して生計をたて、次いでＳＰ通信社、進展実業株式会社に勤務した。この間ラストボロフと連絡し在日ロシア人国民同盟や米空軍、保安隊（現在の自衛隊）関係情報を提供していた」

身分関係としては、本籍が、東京都小金井市小金井二七七八で、住所歴は、昭和三十二年に、調布市上石原二三七に居住している。学歴は、川越第二双学校卒業、川越商業学校卒業、ハルピン市ドストフエフスキー高等学校卒業、中央大学法科中退、東京外語学校専修科（ロシア語科夜間部）卒業、とあり、軍歴と職歴としては、昭和十三年に渡満して、第八国境警備局司令部に陸軍省通訳となり、昭和十七年には、ハルピン特務機関第三班嘱託となっている。後の経歴は、前述の通りであるが、家族は妻と二女であった。

ラストボロフ供述は、「ヨシノは終戦直後、ソ連人エヒム・ポエポジンに日本語教授として推せんされた。私は日本勤務となった一九四六年(昭二十一)彼を工作し、一九五〇(昭二十五)から連絡するようになった。ソ連側は彼をアメリカか日本の、あるいは双方のスパイではないかと思ったが、MVD本部では反米的人物と認定して協力者として使うことにした。ヨシノは白系ロシア人協会に属する低級な情報と米軍、保安価に関する情報を提供していたが、後者の情報はふたりの補助者を使って収集していると話していた。しかし、これら二人が収集した情報は大げさなものや抽象的なものであったと記憶している」。捜査経過として、「警視庁では、昭和二十七年在日ロシア人が組織、構成していた反共団体〝在日ロシア人国民同盟〟を視察内偵して、同団体に元ハルピン特務機関員の吉野松夫が関係していることを把握していた。吉野は在日ロシア人国民同盟とソ連代表部の相反する双方に連絡を持っていた男で、ラストボロフ供述のヨシノなる人物は吉野松夫ではないかと認められた。そこで、山本公安第三課長が訪米中ラストボロフを取り調べたところ、さらに詳しい次の内容の供述を得ることができた。

「私は一九五一年(昭二十六)からヨシノを知っている。一九四七年(昭二十二)から一九四八年まで東京でニキショフが彼を使い、私は一九五一年(昭二十六)から使いはじめた。連絡は〇芝のスポーツセンター〇アニーパイル劇場付近〇歌舞伎座から東京劇場までの間、水曜日か木曜日、午後九時か十時に毎月二〜三回連絡した。彼は、警察、亡命ロシア人、ソ連代表団、米極東空軍関係の情報を提供した」

そこで、昭和二十五年八月十四日東京の小金井警察署に吉野を呼び出し取り調べた結果、次のことが明らかになった。吉野は、昭和二十二年ごろからソ連代表部に出入りし、以来ドムニッキー、サザノフ、グリレノフ、シチェロコフら代表部員と交際したことを認めたが情報提供については事実を全面的に否認し、ラストボロフについても捜査官が示した人物写真を一蔑して「見たことがない」と答える状況であった。しかし、ラストボロフが暴露した吉野の手先、橋本武彦を取り調べたところ、橋本は「昭和二十五年ごろ、ハルピン時代の上司の仲介で吉野と再会し、以来交際を続けて居るが、昭和二十六年二月頃から縁談を口実に吉野に招かれ、問われるままにジョンソン基地の勤務内容、自動車数、朝鮮動乱をめぐる米軍の動き、基地の規模、飛行機と兵員の数などを教え二〜三千円を貰った」と供述しており、これら情報を吉野がソ連側に流していたことが十分推測される」と記録している。

吉野松夫の関連人物として、橋本武彦、園田重雄、丸山直行の三人の関係情報が記載されている。

橋本武彦は「ハルピン特務機関当時吉野の同僚で、帰国後米軍ジョンソン基地、立川基地に勤務していたが、吉野から妻を世話すると誘われ、問われるままに米軍基地関係の情報を提供した」。ラストボロフ供述によれば、「コード・ネーム〝オカ〟はジョンソン基地の塗装工で基地の計画および秘密扱いのアメリカ空軍旅行計画の印刷原紙を提供した。コード・ネーム〝トヨタ〟は立川基地の製図工で、基地の近くに洋服の仕立てかドレス店の経営を希望する四十才くらいの妻が居る。彼は吉野を通じて基地の計画および空軍の訓練資料を提供したが、それは価値がなかった」とある。ラストボロフ供述に基づき捜査したところジョンソン、立川両基地に関係し、職種などから橋本武彦が該当者と認められた。

そこで、昭和二十九年八月十四日と八月十八日警視庁立川警察署に呼出し、任意に取り調べた結果、基地関係事項を星野に漏らしていたことが明らかになった。橋本は、本籍が埼玉県入間郡豊岡町大字扇町屋一〇九四で、大正四年三月二十日生である。学歴は、岐阜農林学校を卒業して、昭和十六年にハルピン学院露語部を卒業している。昭和十年に応召、満洲大連高東部隊歩兵科に入隊、昭和十五年に除隊して満鉄に入社している。昭和十六年には、満洲国開拓総局ハルピン弁事処で特務機関嘱託として勤務する。昭和二十年十二月ソ連に抑留され、チタ、カザフスタン二一分所に収容され、昭和二十五年一月に引揚げる。同年二月から厚木キャンプ、三月からはジョンソン基地の労務者となり、昭和二十九年七月には米軍立川基地ＰＸに勤務している。報酬としては、吉野を訪問する都度、電車賃とか飲み代の名目で百〜二百円、計二、三千円を支給されていた。事案後は、昭和三十一年米軍基地を退職し、妻と共同して有限会社ピカリ商会を経営、紳士服仕立業をしている。

園田重雄は、昭和三年九月三十日生まれ、本籍を熊本市薬園町三四、当時の職業を名村汽船勤務とする。昭和二十九年七月には、横浜市鶴見区市場町五〇七に居住している。職歴としては、昭和二十六年に日共浅草商工会事務員、四月に日共入党届出、が特徴であるが、犯歴もあり、昭和二十七年二月二日、浅草税務署員に対する公務執行妨害および公文書毀棄(東京地裁、懲役八月、執行猶予三年)がある。

ラストボロフ供述は「暗号名〝タカ〟は〝ヨシノ〟の妻の弟で、主として手先の選定にあたっていた。ヨシノの妻喜美の兄弟関係について捜査した結果、園田重雄が該当者と認められた。当時の職業がソ連問題研究所常務理事、明治四十二年九月七日生の丸山直行についてラストボロフは、〝マルヤマは〟〝ヨシノ〟の補助者として働いていた。昭和二十八年ごろ〝マルヤマ〟の近況について調査したとき、〝ヨシノ〟は〝マルヤマ〟はもはや興味ある人物と接触していないと話していた。〝マルヤマ〟は一九五〇年(昭二十五)九月から東京のATIS(米軍通訳部)に通訳として勤めていたが、書類を盗み〝〝ヨシノ〟に手渡したことがわかって一九五一年(昭二十六)暮れに解雇された」と供述している。

その供述に基づき捜査して、「丸山直行を該当者と認められた。しかし、吉野松夫はこのコード・ネーム〝マルヤマ〟との関係を否認している」との捜査経過である。さて、事案後の動静について、「吉野は事件後も在日ソ連大使館、通商代表部に頻繁に出入りしているが次の通りの動向が現認されており、ソ連との関係は継続されているものと認められる。○昭三四・一一・七、在日ソ連大使館に於ける革命四十二周年パーティに出席、○昭三五。七・一五、ソ連大使館におけるレニングラード・バレエ団の歓送会に出席、○昭三五・九・八、ソ連大使館における日ソ協会主催の映画会に出席、○昭四三・一・二五、日ソ文化協会創立総会に出席」と、記録されている。

保刈偉夫は、陸軍伍長として満州牡丹江地区ムーリンで終戦を迎え、ソ連軍の捕虜となる。タシケント収容所に送られ、同所でM・V・D将校の取り調べを受けた際、帰国を条件に対ソ協力を誓約し、合言葉を指定されて昭和三十四年七月四日引揚げた。東京都民政局保健課に主事補として勤務していた昭和二十五年十月ごろ、自宅にラストボロフの訪問を受け、以後昭和二十六年一月までの間四回にわたってラストボロフと連絡し報酬を得て東京都民政局発行の〝事業月報〟二冊を提供した。

＊

ラストボロフ供述は「〝ナカタ〟は日本陸軍少将の息子で日本人捕虜収容所で獲得された。一九五二年(昭二十七)私は日本で〝ナカタ〟に働きかけた。彼は当時東京都庁の衛生局に勤務していた。彼とは、二～三カ月間連絡し月額一万五千円を支払った」というものであった。「米側から通報されたラストボロフ供述に基づき捜査を開始したが、〝ナカタ〟に該当する人物は容易に発見されなかった」

[14] コード名ナカタ

そこで、昭和二十九年七月山本公安第三課長が訪米した折に、追加のラストボロフ供述を得ることにした。

「〝ナカタ〟は三十歳位、身長六尺、痩型、眼鏡は用いず、父親は日本陸軍の将官であった。彼は、中野区の新井薬師駅か沼袋駅から四、五分の所に居住。一九五一年(昭二十六)から一九五二年(昭二十七)にかけて船舶舟艇の衛生関係の仕事を担当していた。彼には毎月一万円を与えていた」と追加供述する。

それに基づいて捜査を進めて、保刈偉男が〝ナカタ〟と同一人物であるとの確証を得て、昭和二十九年八月十一日、保刈の任意出頭を求め取り調べ、ソ連に対する協力事実を追求した結果、自供を得ることができた。保刈の誓約状況は次の通りである。

「ソ連タシケント収容所に抑留されていた昭和二十三年二月のある日午前十時ごろ収容所長室に呼出され、少佐の軍服を着た四十五、六才の将校から日本語で彼の父親清の軍歴や偉男自身の共産主義に対する考え方を尋問された。保刈は自分の立場を少しでも良くしようと考えて共産主義に共鳴していると答えた。昭和二十三年四月二十日、最後と言われた帰国者の氏名が発表されたとき、保刈偉男の氏名は書かれていなかった。

保刈が落胆していると同日午後八時ごろ再び収容所長室に呼出しを受け前回尋問にあたった少佐から『君は今度の帰国者名簿に入っていない。しかし君が日本に帰ってからソ連に協力することを承諾するなら帰国させよう、この誓約書に署名しなさい』と言葉は柔らかだが誓約を強要された。保刈は心身共に衰弱していたのでこの機会を逃しては帰国ができなくなると思いつめ、いわれるままに日本語で『スターリン万才、私は日本がソ連の如く社会主義国家として育成せられ、世界各国が平和な自由国家となることを希望し、ここにソ連居協力することを誓います。なお、帰国後これに違約あるいは他言した場合にはいかなる制裁を加えられても異議はありません』との内容の誓約書を作成、署名した。

その後、同少佐は帰国後連絡の合言葉として『あなたはどこへ行きますか』『私は鹿児島に行きます』『あなたは福岡に行かなければいけません』を指定し、保刈の人物写真を撮影した。ここで、保刈は三十ルーブル(邦貨一万二千円)を与えられ領収書を徴取された。このような経緯で保刈は他の帰国者と共に舞鶴に引揚げることができた」

保刈は引揚げてから、東京の中野区上高田一―二四九に居住していたが、昭和二十五年十月のある日午後六時半頃勤務先から帰宅すると、見知らぬ二人の外国人が玄関前に立っていた。その中の一人(写真によりラストボロフと確認)が、「用事があるから来てください」と保刈を誘い、自宅から百メートルほど離れたところで、合言葉で話しかけてきた。保刈は、ソ連機関員の連絡と知り、指定された合言葉通り答えた。それから、通称〝中野昭和通り〟まで追随していくと先方からシボレー乗用車がきた。それに乗って、新宿駅付近、六本木交差点を通過し、ラストボロフは保刈を座席に伏せるように命じソ連代表部に連行した。

代表部の別館二階の一室において、ラストボロフは保刈に対し「朝鮮戦争に関係し日本船舶がどのように動いて居るか詳細に調査して報告してください」と要求し、更に「来週火曜日午後六時委半ごろ、都バス中野住吉町停留所に近い四十マイル標識付近を寂しい方向に歩きなさい」と地図を示して指示した。ここで保刈は一万円を支給され饗応を受けた後自動車で国電中野駅付近まで送ってもらった。

予定通り、第一回目の連絡が、中野区住吉町バス停近くで行われ、保刈が新宿方向に歩いていると米国製ジープが近づいて停車し、ラストボロフが乗っていた。狸穴のソ連代表部に連行されたが、保刈は「前回要求された日本の船舶が朝鮮戦争に関係し活動していることの実態は佐世保の運輸部関係を調査しなければならないし機密扱い事項でもあるので私の立場で知ることは難しい」と回答した。ラストボロフは、「どんな情報でもよい」と入手可能な情報を提供するよう督励した。保刈は帰途中野区の滝山神社まで送られ、次回の連絡を指示を受けた。

第二回の連絡が、その滝山神社前で行われ、ラストボロフは、周囲を警戒しながら境内をぬけてきた。保刈は、価値ある情報がなかったので、用意してきた東京都民生局発行の事業月報(内容は民政局事業統計、秘密扱いにはなっていない)一冊を手渡し。ラストボロフは、保刈に報酬として現金一万円を渡した。

第三回の連絡も、その滝山神社の前で行われ、保刈は、同じように民政局の事業月報を渡し、ラストボロフは、現金一万円を報酬として支払う。

第四回の連絡として、指定されたとおり、保刈は、昭和二十六年二月十六日(第三金曜日)午後六時半ごろに、同じ滝山神社前で待っていたが、ラストボロフは姿を見せず、それ以降、ソ連側との連絡は途絶した。

その後の保刈の動静については、「保刈はその後も中野区上高田三―二四に居住し、東京織物問屋健康保険組合に係長として勤務している。また昭和三十三年春から約一年間結核のため入院加療したが完治していない」(五人の家族状況について記述があるが省略する。)

＊

ラストボロフは、手記で述べているように、対米工作も任務とした。麻布の東京ローンテニスクラブに入会し、ジョージという通称で、米国人と付き合っていた。「総括」には、ラストボロフと直接接触し、または運用されていた手先の外国人として、米国人ひとり、フランス人ひとり、ラストボロフ以外の諜報機関員と連絡していた手先として、白系ロシア人ひとり、計三人についての記載がある。

「アメリカ人ジョン・ミルトン・バイングトンは、埼玉県所在ジョンソン基地所属の二等航空兵で、昭和二十八年四月二十日から同年五月二十三日までの間金欲しさから在日ソ連代表部三等書記官ラストボロフと前後六回にわたって連絡、ジョンソン航空基地内の図面など米軍の機密をソ連に提報して、その謝礼一万五千円を受取ったものである。当事件は、バイングトンが在日ソ連代表部を訪問した日に警視庁で発見補足し、その実態を究明したものである。したがって昭和二十九年一月二十四日ラストボロフが亡命する以前に処理されているが、ラストボロフ供述によって裏付けられている」

バイングトンは、ニューヨークで出生、一九三二年二月、ニューヨーク州シラキュースで米空軍に入隊同年九月に、在日米空軍ジョンソン基地、第八衛生隊に勤務する。五三年三月には、同基地所属第三五空軍憲兵隊に所属する。端緒ならびに捜査経過は次の通り。

「昭和二十八年四月二十日午前十時二十五分ごろ、飯倉二丁目方向から来た一台のタクシーが港区麻布台狸穴町一番地にあるソ連代表部前で停車した。そのタクシーには外国人の男一名と日本人の女一名が乗っていたが、男をタクシー内に残したまま女だけが降りてソ連代表部内に入っていった。それから二〜三分たったころ女が同代表部のラストボロフ三等書記官を連れて姿を見せ停車しているタクシーの方へ行った。

するとタクシーの中にいた男が出て来て、今度はラストボロフと二人で近くの路地に入り何事か話し始めた。この間、日本人の女はタクシーに乗っていずれかへ立ち去った。約十分後、ラストボロフは代表部内に戻り、男は最初タクシーを停車させていた場所に立っていたが、まもなく先程の女がタクシーで戻って来て一緒に出発し、東京駅まで行って別れた。

男はその後、国電に乗り午後二時三十分ごろ埼玉県所在のジョンソン航空基地に正門から入って行った。同年四月二十日タクシーで外国人男とソ連代表部付近に行った日本人の女は調査の結果、港区芝新橋四〜一四所在のバー〝ブルーバード〟のホステス鈴木田鶴子、昭一一・一一・一七生と判明、同行の外国人男は米軍人と推察され、きわめて諜報容疑が濃いところから米軍当局に通報して調査した結果、ジョンソン航空基地、第三十五空軍憲兵隊二等航空兵ジャニーことジョン・ミルトン・バイングトン一九三五年(昭十)二月十二日生と判明したので、以後警視庁と米軍で共同捜査を進めることとなった。

また鈴木田鶴子を取り調べたところバイングトンと一緒にソ連代表部を訪ねた経緯について次のように話した。すなわち、二人は四月十九日午後十時ごろバー〝ブルーバード〟近くのホテル〝菊田川〟で初めて知り合い、その夜はそこで一緒に泊った。翌朝、バイングトンが鈴木に『俺はジョンソン基地でエアー・ポリスをしているジャニーという者だ。基地の機密を知っているから、これを共産主義者に売り込んで金を儲けたい。その金で貴女と貴女のお母さんを連れて香港へ行きたいからソ連代表部か共産主義者のところへ案内してくれ』と頼んだ。鈴木が『そんな所は知らない』と答えると、バイングトンは『タクシーに乗れば運転手が知っているだろう』と言い、午前十時ごろ連れだってホテルを出て新橋駅まで歩き、そこからソ連代表部へ行った」

バイングトンとラストボロフは、四月二十七日午後三時か四時に、アニーパイル劇場(現在の宝塚劇場)前で会うことを約する。劇場近くのレストランで二時間ほど話し、ラストボロフはバイングトンが情報提供をすることに半信半疑で、本当に空軍憲兵隊にいるのか、などと質問を繰り返し、また宗教について質問したところ、バイングトンは、無神論者でロシアに行きたいと言ったという。

翌日にも、新橋で午後五時に会う。その時バイングトンが、鈴木を連れて来たのでラストボロフは怒った様子になり、鈴木が映画を観るようにして、二人だけで別のレストランに場所を変える。バイングトンの次の休暇の五月に、アメリカン・ファーマシーで午後四時に会うことを約し、第三回の連絡は五月九日午後三時過ぎに約束の場所に行き、午後四時過ぎに日比谷方面から歩いてきたラストボロフと接触して、東京駅の方向に連れだって歩いた。バイングトンは基地の地図を持って行って渡したが、その地図は、五月十日グリーンホテルに泊まり、五月十一日ダイヤモンドホテルに泊まって書き上げたものである。ジョンソン基地の航空機、四つの格納庫、作業場や飛行機のある場所等を記していた。

同日の夜午後八時に、その日の二回目、第五回目の連絡をするが、ラストボロフは「その地図はたいしたものではない、(中略)次に会うときは部隊の編成からだ」と指摘、「その費用だ」と五千円を手渡している。バイングトンは、五月二十三日から三日間の暇をとり、第六回目の連絡を試みる。

[15] コード名ウエノ

バイングトンは、ラストボロフに会うために、日比谷のアメリカン・ファーマシーに午後五時に行ったが、ラストボロフが来ないので、ソ連代表部に行って、「ジョージ(ラストボロフの偽名)に会いたい」と言ったが、しばらく探した後に「外出している」とロシア人が答えたので、しかたなくバイングトンは、「私はジョージと二カ月の間会っている。今日約束の場所に行ったが彼は来なかった。翌朝七時に約束の場所で待っているからそう伝えてくれ」と頼んで帰った。

翌朝(五月二十四日)、バイングトンは再び約束の場所に行ったが、ラストボロフは現れなかった。ラストボロフはおそらくこれ以上バイングトンと接触を続けることに不安を感じ始めていたものではなかったろうか。

いつも連れて歩いていた関連人物の鈴木多鶴子については、港区新橋四—一四のバー、ブルーバードのホステスで、住所は大田区池上徳持町五二—一〇と記載されている。バイングトンの報酬は、四月二十一日に一万円、五月十一日に五千円が支払われているが、その他接触した際の飲食代、タクシー代など七千円が支払われた。バイングトンの刑事責任については、警視庁と共同捜査を行っていた米軍当局は、昭和二十八年五月二十七日ジョン・ミルトン・バイングトンを逮捕して取り調べて、バイングトンがラストボロフに流した情報は「米軍機密」には至らないものと認定した。

亡命後のラストボロフは、「バイングトンが米側によって仕組まれたスパイではないかと疑っていたが、いつも日本人の女性を連れていたことからその疑いも薄らいだ、彼が報告した情報はたいしたものではないが、一万八千円（バイングトンは一万五千円と供述）を支払った、私が不安を感じて彼との接触を打ち切ったあと、彼はソ連代表部を訪れソ連へ亡命したいと申し入れたが、サベリエフに断られその後は代表部に来なかった」と供述している。

＊

ガストン・ジャンムジャンはフランス人で昭和二十五年三月カイロ駐在から在日フランス大使館勤務となった。昭和二十六年夏のある日、東京千代田区神田駿河台所在の日仏会館にラストボロフら二名のソ連諜報員の訪問をうけ、ジャンムジャンの友人ザウドスキーからの手紙を渡され返事を求められた。これはソ連側がジャンムジャンに接近するための手段であった。その後二回ほどの連絡でラストボロフから「ローンテニス・クラブに出入りするフランス大使館員を紹介してほしい」と協力を求められたが、これをフランス大使館付情報館に打ち明けたところ「近寄らない方が賢明だ」と助言を得たので次回連絡時に断わり、以後連絡はなくなった。

ジャンムジャンの身分調書は、「国籍フランス、学歴一九三六　パリー・ノース大学卒業、職歴一九三八　ギリシャ大学教授（地理学）　一九四〇　軍法会議会議員　一九四五　外務省勤務（領事）

一九四六　カイロ駐在仏大使館勤務　一九五〇　在日大使館勤務、家族ジャンムジャン夫人（注、彼女はパリ生まれの元日本人で、その父親は当時大倉商事株式会社のパリ駐在員であった。〃ヒビキ誠氏〃であるとの情報がある）」とある。

＊

ラストボロフは、「MOUGINS JEAN ことムージャン・ジャンは、日仏協会の職員のフランス人であった」「昭和二十六年私はクラスニヤンスキー（KRASNYANSKII、当時東京のＭＶＤの機関長）からムージャンがソビエトびいきの感情を持っているらしいから協力者として獲得すべきだと示唆された。ムージャンの以前の勤務地がプラハで当時ムージャンと知り合ったというソビエトエージェントの手紙を持って私はムージャンに近づき仲間への勧誘に試み三回会ったが、彼はその試みについてフランス大使ド・ジャンに通告するつもりであると私に告げたため、ソビエトのエージェントに獲得することは出来なかった」とする。日仏会館にいたジャンムジャンをすぐ特定したので、直接事情を聴取したところ、「ラストボロフには三回会ってソ連の手先になるように勧められたがはっきり断った」とする。

注書きがあり、「ジャンムジャンは昭二十一～二十四の間、カイロ駐在仏大使館に勤務していたころ同館員ザウドスキー（白系ロシア人）と友人になり、ともに語学、文化方面の仕事を担当していた。ラストボロフの言う前勤務地のプラハはカイロの事で、ソビエトのエージェントというのはザウドスキーのことであると思料される」とある。

第一回目の連絡は、ラストボロフら二名がカイロの同僚の手紙を持ってきて、英語で「あなたはこの人を知っていますか」と話しかけたので、ジャンムジャンは懐かしく思い面接している。ラストボロフから頼まれて、ザウドスキーへの簡単な返事を書いて手渡している。

第二回目の連絡は、ラストボロフが連絡の申し出をして、銀座西の中華料理店「揚子江」で会っている。ラストボロフは自動車で来て、米国の政策について批判攻撃してそれに同意を求めて、さらに麻布の中国大使館近くのローンテニスクラブの出入りするフランス大使館員がいたら紹介してほしいと要求したが、該当者はいなかった。

第三回目の連絡は、ラストボロフが場所を電話で特定して、有楽町一―一二、アニーパイル劇場、現在の宝塚劇場前で落ち合い、同じ有楽町の三信ビル地下一階にあるピータースレストランに行った。ここでラストボロフに対し、「私は面倒くさいことは嫌いだから大使館の人に相談する」と申し出、それ以来ラストボロフからの連絡は途絶えている(ジャンムジャンは、第二回目の連絡の後、ソ連人との接触について在日フランス大使館の情報員に報告したところ、あまり近寄らない方が賢明だと言われている)。報酬については、ジャンムジャンは、食事はしたが金銭は受け取らなかったと供述している。

在カイロのフランス大使館に、ソ連の手先がいたことを示唆しているが、『日本の兵士と農民』の著者であり、敗戦後の日本のGHQで辣腕を振るったハーバート・ノーマンが関係した可能性を、筆者は想像することである。

ノーマンは、ソ連の手先であったことが確定している。カナダ駐エジプト大使でありながら、マッカーシー委員会の追及を受けて投身自殺した。ソ連諜報機関の中東での拠点がカイロにあったから、ノーマンの関与が想像される。

＊

ラストボロフ事件の第十三番目の人物が滝柳精一である。大正十二年生で、当時の職業は、米軍第四四一CIC分遣隊警備員である。

「滝柳は終戦当時陸軍衣兵団に属し咸鏡南道咸興に駐留していたが終戦によって武装解除されてソ連軍の捕虜となった。陸軍伍長であり、大隊長の命令により舎営要員として残留していた。ウズベック共和国ペグワード第三収容所に抑留中M・V・Dの厳重な取り調べを受け対ソ協力を誓約、昭和二十五年二月八日引揚げ、舞鶴に帰還した。昭和二十六年八月自宅にラストボロフの訪問をうけて以来昭和二十八年二月までの間、報酬を得て勤務先である米軍の第四四一CIC分遣隊の実態を情報として提供していた」

本籍は、東京都淀橋区で生まれて小学校を卒業してから大阪市東区に引っ越していたが、東京に戻り目白商業学校を卒業している。翌年は大阪船場夜間青年学校を卒業して、昭和十六年十月には川崎日本工学徴用工員となり、昭和十九年一月現役兵として陸軍第六二部隊（東京）に入隊する。

ラストボロフ供述によれば、「タカヤナギ・セイイチは暗号名を〝ウエノ〟といい、ソ連内の日本人収容所で密告者として利用されていた。私は一九五一年（昭和五十二）に日本で彼に会いソ連のエージェントとして働くことを承認させて運用した。タカヤナギは当時九段下の旧日本軍憲兵隊本部跡のノートンホールの館内図、車両番号、情報部将校名などを報告した。報酬は一カ月一万円を与えたほか家屋建築費として十五万円を与えた。タカヤナギの情報は価値が低かったので一九五三年（昭和二十八）春に彼との連絡を打ち切った」とある。

昭和二十九年五月二十日、警視庁公安部は捜査を開始して六月二十一日には滝柳を任意に取り調べたが、容疑事実を否認した。そこで、同年七月山本公安第三課長が訪米した際に、滝柳を人物写真で確認して、ラストボロフ本人からの供述を得たので、同年八月十一日に再度、滝柳を取り調べたところ、ソ連抑留中にMVD将校に取り調べを受けた事実ならびに帰国後ラストボロフ（写真面割で確認）と連絡し、報酬を得て米軍CIC関係の情報を提供していた事実を明らかにした。滝柳は誓約を否定しているが、昭和二十三年秋頃、前掲の収容所で取り調べられた際、「ロシア語で書かれた内容のわからない書類にサインしたと供述している」。

第一回目の連絡は、ラストボロフの自動車に乗り、ソ連代表部に行き、ロシア料理などをすすめられ、帰りは甲州街道の幡ヶ谷と初台の中間まで送ってもらっている。現金を五千円手渡されている。

第二回目の連絡は明治神宮西参道上で、自分のCICでの職務内容を便箋に書いたものを封筒に入れて手渡した。ラストボロフは、現金一万円を渡し、次回連絡には、○右翼団体に加入しているソ連からの引揚者○警察に勤めているソ連からの引揚者○友達である引揚者の住所、氏名を調査し、報告するよう要求した。

第三回目の連絡は小田急電鉄山谷踏切付近で、滝柳は、引揚者の調査が出来なかったので、勤務先のCICの国籍別従業員数、勤務時間、勤務方法などを便箋に書いて封筒に入れて渡した。滝柳の将来について話し合った。

第四回目の連絡は、昭和二十七年一月午後八時ごろ参宮橋付近で、滝柳は将来父のあとを継いで蕎麦屋をやりたいと記した報告書を渡した。

第五回目の連絡は、二カ月後の三月で、同じく参宮橋付近で、滝柳は蕎麦屋建築費で二十万円不足しているとして、別れ際にラストボロフから十五万円支給された。

第六回目の連絡は、同年七月で参宮橋付近であったが、「何か変なことはなかったか」と聞かれ、

「ない」と答えている。

翌年の二月になって第七回目の連絡をしたが、雑談をして別れ、第八回目を国電代々木駅改札口としたが、滝柳が約束を破り、後の連絡は途絶えている。滝柳は報酬として総額三万円を受領したと供述したが、ラストボロフ供述とは食い違いがある。

＊

第十四番目が飯沢重一。終戦時、満洲国民政部労務司長で、戦後三年余ソ連に抑留され昭和二十三年十一月引揚げた。昭和二十六年勤務先の井原法律事務所(東京・丸の内)や自宅にラストボロフの訪問を受け協力を求められたが、深夜の訪問等、生命、身体の危険を感じ練馬署に保護を求めた。

[16] 飯沢重一ほか

飯沢は、本籍が長野県上伊那群川島村大字横川であり、満洲から引揚げ後、昭和二十四年一月に杉並区荻窪の故山寮、翌年四月には練馬区豊玉北四〜二九に住所を定めている。学歴は、大正十四年に松本高等学校を卒業して、東北帝国大学法文学部に入学して、在学中に高等試験司法科に合格する。卒業後直ちに、昭和三年四月南満州鉄道に入社する。昭和七年三月には、満洲国官吏として法務局参事官を勤める。昭和十年九月から一年間業務視察として欧米各国に出張する。帰国後は、満洲国総務庁の処長を歴任して、昭和十七年七月吉林省次長に就任、昭和十九年八月には新京日本人会を創設して同法援護に従事している。昭和二十年十二月から二十四年一月までソ連に抑留。カザフスタン共和国アルマータ第四十地区第三分所、第一分所、同共和国カラガンダ第九十九地区第二十四分所(新聞記者、通信関係者、警察官などの日本人五〇〇名、ドイツ人二〇〇名で大隊を組織し、飯沢は大隊長を勤めた)。家族は、妻との間に一女三男の家族があった。子供は皆、満洲国生まれであった。

*

ラストボロフ供述に基き、日本側でも捜査したが、昭和二十九年四月米側から、イイザワという弁護士がソ連人の働きかけを拒否して昭和二十六年七月二十四日練馬警察署にその状況を報告したと、通報があった。そこで警視庁公安部は、昭和二十九年七月六日東京・日比谷の陶々亭ビル内に飯沢の任意出頭を求めて事情聴取している。さらに同年八月訪米した山本課長が、ラストボロフに写真を見せて本人の確証を得ている。

飯沢は抑留中の二年間に十回くらいの取り調べを受けたが、誓約を要求されたことはないと述べて、「抑留中誓約させられた者は相当数いるだろうし帰還後協力している者もいるだろうが、これは抑留生活の状況からみても仕方のないことであろう」と供述している。

*

麓多禎は、昭和十六年から十八年の間、在ソ日本大使館付武官補佐官であったが、当時ソ連機関に手先として獲得されコード・ネームを〝チャイカ〟と言った。

「警視庁はラストボロフ供述に基づき捜査を進め、麓が在日ソ連代表部に出入りした事実を把握することはできたが、諜報事実について究明することはできなかった」

麓は、府本昌秀と相模二郎という二つの別名をもっていた。大正元年十二月六日生。身分関係については、本籍が渋谷区大山町一四で、学歴は、昭和四年三月に東京府立第一中学校を卒業して、昭和七年に江田島の海軍兵学校を卒業している。昭和十五年三月には、東京・海軍大学校を卒業している。海軍少尉に任官後、芙蓉、厳島に乗り組み、海軍中尉に任官後は、八雲に乗り組み、昭和十六年四月にモスクワに赴任する。同大使館勤務中海軍少佐に昇進して、昭和十八年八月には第三艦隊副官で旗艦瑞鶴に乗組み、翌年三月には、第一機動艦隊副官に就任する。昭和十九年十一月には、海軍軍令部出仕特務班(対ソ関係無線情報主任)に就任、なんと昭和二十年九月海軍中佐に任官している。昭和二十一年復員して農業に従事するが、翌年四月から、厚生省第二復員局臨時嘱託

（ソ連向け戦利品の引渡し連絡業務）となるが、半年後に肺浸潤のため退職する。昭和二十四年三月に米軍憲兵司令部日本人警備隊長になるが、翌年一月には肺結核のため退職している。昭和二十六年十月から一年間米軍の通訳、翌年十月から（神奈川県座間に在った）米極東陸軍司令部戦史課特殊顧問となるが、昭和二十八年十二月国立第二病院に入院する。家族は、妻と戦後生まれの一男一女である。

ラストボロフ供述の裏付け捜査をして、国立第二位病院に入院していた事実が明らかとなったので、「そこで昭和二十九年十一月十日警視庁公安第三課に麓の任意出頭を求め取り調べたが、事実関係については後日手記を提出するとして核心にふれたことは得られなかった。その後同年十一月十五日から翌三十年一月二十二日の間四回にわたって覚書や供述書を郵送してきたが、対ソ協力については否認した。しかし、麓に対する諜報容疑は依然として持たれていたので、引続き昭和三十年八月まで動向を内偵したが、確証をつかむことはできなかった」

「（麓の覚書の要旨）○昭和十七年か十八年ごろ、モスクワの某ホテルにおいてザイツェフ大佐、カストリンスキー海軍少佐に単独で招待されて会合し、日ソ両海軍の友好持続について話し合った。○昭和十八年六月ごろ、モスクワのサヴォイホテルにエギプコ准将とカストリンスキー海軍少佐を招いて会食した。この返礼に両者からメトロポーリ・ホテルの食堂に招きを受けた。この二回の会合でも日ソ友好の話をした。○帰国直前サロフラブリー駅に見送りに来たカストリンスキー少佐から書籍二冊（書名失念）の贈呈をうけた。○昭和二十一年ごろ丸の内に在ったソ連代表部の図書室を映画鑑賞や図書を閲覧するために数回訪ね、その際ソ連沿岸防衛隊海軍少佐の軍服を着た男（注、イワノフ）と会い、『自分は元日本海軍軍人でモスクワに駐在していたことがある』と告げて以後三回位面会した。その間一度は自宅付近までジープで送ってもらった。○昭和二十一年四月ごろ、当時六本木に在ったソ連人宿舎に招待され、そこでイワノフ少佐に会った。この席上、銘刀〝平安城長吉〟をイワノフを通じてソ連太平洋艦隊司令長官コマシェフ大将に贈呈した。○昭和二十二年四月終戦処理事務の一環として旧日本艦艇の引渡しにあたった。同年七月一日から同月八日まで佐世保、舞鶴間をソ連太平洋艦隊ヤシン少佐と同艦したが、同室をつとめてさけ要務以外は太平洋戦争の話をしただけである。警察は、事案後の動静についても、住所を転々と移動していることを把握して、渋谷区代々木五―三〇、横浜市戸塚区の十塚町から中田町、大田区の田園調布三―三〇―一、目黒区緑ヶ丘、第七コーポレーション内と記録し、『この間八幡製鉄所に勤務しているが、昭和四十三年港区西新橋、第二森ビルに在る〝ホンヤク・センター〟に転勤し現在に至っている』」と記載している。

＊

「総括」は、ラストボロフ以外の諜報機関員と連絡していた手先について、外務省経済局第二課勤務の高毛礼茂を第十六番目の人物としてその概要を記載する。

「高毛礼は外務事務官として外務省政務局経済課に勤務していた昭和二十四年春ごろ、ソ連代表部員の通訳をつとめたことを契機として、同部員のシュチェルパコフに交際を求めた。その後何度か同部通商事務所を訪ね、シュチェルバコフからコチェリニコフ（MVD班員）を紹介され、昭和二十五年十二月ソ連代表部を訪ねた時コチェリニコフほか一名から強要されて諜報誓約を行ない、昭和二十八年十一二月までの約三年間月一〜三回ポポフ経済顧問やクリニッチン二等書記官を連絡し、勤務を通じて入手した国際経済関係情報などを提供、総額二百万円を超える報酬を受けていた。この報酬の一部にはソ連側が日米講話発効後代表部の一時閉鎖を危惧して活動資金としてあらかじめ手渡した四千米ドルが含まれ、この米ドルをドル・ブローカーなどの手を通じて遊佐上治らと日本円に交換していた。

警視庁ではこれら一連の違法行為を追って昭和二十九年八月十九日外国為替および外国貿易管理法違反被疑者として逮捕、立件送付した。東京地方検察庁はさらに国家公務員法第一〇〇条（秘密を守る義務）違反を捜査し、前記外為法違反に合せて起訴し東京地方裁判所の審理に付した。高毛礼は公判廷において事実は認めながらも合法的な行為であったことを主張し上告までしたが、昭和三十五年十一月三十日最高裁判所は上告棄却を決定し、東京高等裁判所が下した懲役八月、罰金一〇〇万円が確定した」

高毛礼は、熊本市新屋敷町四三九が本籍で、昭和十二年八月の住所が三鷹市下連雀一六七である。熊本の九州学院を卒業後、ハルピン学院の露語科を卒業して、葛原冷蔵を経て、昭和二年に北樺太石油株式会社に入社して、昭和十三年に同社のモスクワ駐在員となり、昭和十五年には帰国して、昭和十八年には同社労務係長となる。昭和十九年に同社が解散したので、陸軍熊本第二三連隊に入隊。昭和二十年十一月外務省終戦連絡事務局。外務事務官として経済局に勤務して、昭和二十九年八月に退官している。家族は、妻と一男一女がある。

＊

ラストボロフの供述は、「コード・ネーム〝エコノミスト〟は、一九四三年から翌年まで北樺太の日本人石油会社（第八会社）の代表者で、四六年モスクワから帰国し、外務省に勤務し経済担当となった。彼は婦人問題でソ連側に脅迫されて訓練された。四六年手先として活動を開始市立派な情報を提供したが、その中にしばしば外務省の原文書類があった。また、〝エコノミスト〟は〝ヒグラシ〟と共に暗号訓練をうけ、〝ヒグラシ〟が暗号解読書の一ページを紛失したところ彼もまた東京の下町で買物中暗号資料の一ページを失ったとのことである。ソ連側はこの紛失事件で驚いたが慎重検討の末、引続き彼を運用することとなった」。

＊

ラストボロフ供述により内偵をすすめ捜査線上に浮かんだ高毛礼について、公安課長が訪米した際のラストボロフ供述を加えて信憑性がもたれたので、昭和二十九年八月十四日、出勤途上を待伏せして捕捉して武蔵野警察署に任意同行を求めて取り調べている。八月十八日逮捕状と、外務省経済第二課、高毛礼居宅、富岡芳子居宅に対する捜索差押許可状の請求を行ない、その発付を得て、八月十九日警視庁公安第三課は、任意出頭中に逮捕すると共に捜索を実施した。十九日未明逮捕を知ってか頸部を濡手拭で縛り自殺を図ったが隣室で就寝中の妻に発見されて意識を失っただけで救助された。対ソ課報契約に至った経緯は次の通りである。

「昭和二十四年春、通産省の柳父事務官の紹介で新潟鉄工所で行なわれたソ連向け貨車検収の通訳を頼まれた。高毛礼は外務省を退官後対ソ連関係の仕事に就きたいと考えそのためにはソ連人を一人でも多く知りたいとの気持からこれを受諾した。この検収にはソ連側から在日ソ連代表部通商班シェチエルバコフ他二名が参加。二回目の検収で、高毛礼はシェチェルバコフに外務省勤務であることを明し交際を求めたところ、在日ソ連代表部通商班事務所（東京都千代田区丸の内仲七号館）に遊びに来るよう勧められた。その後一度商社員と共に通商班事務所を訪ね、同年九月ごろから単独で通商事務所を訪れ、昭和二十五年十二月ごろまで五〜六回シェチェルバコフに会ったが二回目に代表部員のコチェリニコフ（MVD要員）を紹介された」

〔17〕 暗号名エコノミスト

いつもコチェリニコフが同席した。昭和二十五年十二月ごろ同事務所を訪問したときコチェリニコフに誘われて東京都港区麻布狸穴町所在のソ連代表部に案内された。そこでポポフ(MVD要員)を紹介されたが、その後両名から協力の誓約書を提出するよう強要された。

高毛礼は一応拒否したものの諜報誓約書を作成し、暗号名を〝エコノミスト〟と付けられ連絡方法と情報着眼として、①毎月二回連絡をとること。②第一回目は昭和二十六年一月第三火曜日の午後七時芝御成門の公園側都電停留所付近で連絡すること。③指定された場所に双方いずれかが来なかった場合は、翌週同じ条件で会うこと。④報告事項は米国の対日経済政策、日本の経済方針、一般人の対ソ感情など外務省職員として職務上入手できる日本政府の秘密資料をなるべく現物で報告することを指示された(注記▼ラストボロフは高毛礼がソ連に協力するようになった経緯につき「婦人問題で脅迫を受けソ連側に訓練された後、一九四六年(昭二十一年)から活動を開始した」と供述しているが、高毛礼の供述に信憑性があると認められる)。

第一回目の連絡は、昭和二十六年一月十六日(第三火曜日)で、高毛礼が午後七時ごろ東京都港区所在の御成門交差点で行った。ポポフが増上寺方向から来て、交差点を左折したので、高毛礼は後をついて小さな公園に入ったところで接触した。この時高毛礼は何も報告しなかったが、ポポフは

「来月からの連絡は第二火曜日と第四火曜日の午後六時御成門交差点で会うことにするが、あなたは何処が便利か、二〜三カ所を調べて次回の連絡時に教えてもらいたい」と指示した。この連絡は五分位で終ったが、別れ際にポポフは新聞紙に包んだ現金五千円を支給した。

第二回目の連絡は、同じく御成門の交差点で、同年二月十三日(第二火曜日)午後六時にポポフと連絡した。高毛礼は、便利な連絡場所として、国電四ツ谷駅のバス停留所付近、国電信濃町駅に近い明治神宮外苑口、信濃町慶應病院南の橋のたもと、の三カ所を略図に書いて渡したところ、ポポフは「次に会った時、連絡場所を決めよう。次回連絡も今回と同様にして行う」と指示した。

第三回目の連絡は、翌週の第三火曜日に午後六時に御成門交差点で行われ、ポポフは、今後の連絡場所として、高毛礼が提案した慶應病院南の橋のたもと、を選び、さらに「信濃町駅から青山一丁目に至る電車通り南側、便所付近の茂み」を付け加えた。

第四回目の連絡は、慶應病院南の端のたもとで連絡すると指示した。

このように高毛礼は、昭和二十六年一月から昭和二十八年末ごろまで毎月一回ないし三回、ポポフらと連絡していたが、連絡の日時、場所などはその都度指定されていた。連絡日は、昭和二十六年前半が、毎月第二、第四火曜日、昭和二十六年後半が、毎月第二、第四金曜日、昭和二十七年前半が、毎月第一、第三火曜日、昭和二十七年後半が毎月第一、第三金曜日、昭和二十八年前半が、毎月第二、第四火曜日、昭和二十八年九月以降、毎月第二火曜日、として、連絡時間は、夏には午後八時ごろ、冬期は午後六時ごろ、春と秋には、午後六時三十分から午後七時三十分ごろの間で日没後、を指定した。連絡場所は、なぜか四ツ谷駅前のバス停留所付近は、採用されなかったが、前述した、御成門交差点、慶應病院南の橋のたもと、信濃町駅から青山一丁目に至る道路南側の茂み、明治神宮外苑口付近の他、お茶の水駅、千代田区常盤橋公園、赤坂郵便局前、千代田区清水谷公園、築地本願寺前、銀座松坂屋デパート内一階靴売場などであり、ソ連側の要員は、初期にはコチェリニコフが一〜二回同行し紹介したポポフが担当し、昭和二十七年夏から昭和二十八年末までは、クリニッチンが担当した。コチェリニコフは高毛礼が代表部を訪れた時、報告をうけ次回情報着眼を指示していた。

＊

高毛礼は、昭和二十七年一月ごろから九月ごろの間、前後三回にわたりコチェリニコフから旧在日ソ連代表部建物内に招致され、同所において日米講和条約の発効に伴いソ連代表部が閉鎖した場合の連絡容量として、○ソ連からの指令はラジオで行なう、○報告文は暗号に組んで一定の場所に埋めておく(これは通信士が掘出してソ連へ送信する)、○他人が報告文を届けることがあるから、それも一緒に埋めておくこと、を指定されたほか同年二月代表部においてクリニッチンから四千米ドルを支給された。これは代表部が閉鎖後高毛礼、連絡員、通信技師に支払う活動資金であって、毎月高毛礼と連絡員には四万円、技師には二万五千円を支給し残額は高毛礼に処分が任されていた。

なお通信技師分は報告文と一緒に埋没するよう指示があった。

同年四月ごろポポフからラジオ購入費として四万円を受領し銀座の山野楽器店で二万五千円のオールウェーブ・ラジオを購入し、翌昭和二十八年四月から三鷹市下連雀の自宅において受信し、解読練習を行なった。

受信したものはいずれも五桁乱数で、第一回(四月)日本歴史について、第二回(五月)通信文の埋没連絡方法、第三回(六月)翻訳途中において暗号文を紛失したため未解読、であった。埋没は高毛礼が中野区新井薬師境内ほか三カ所を選定しポポフに報告したが決定をみず訓練は行なわれなかった。また昭和二十七年九月代表部において氏名不詳のソ連人から文書をマイクロフィルムに撮影し切手の裏に貼って郵送する方法を指導され、高毛礼は家が狭いこと、引伸し技術がないことを理由に断ったところコチェリニコフから家屋増築費として十万円とカメラ、接写装置購入費として六万円を支給され銀座の写真機店でオリンパス・カメラ一台を二万数千円を出して購入した。

昭和二十八年七月二十六日(日)午前二時ごろ第四回の練習暗号を受信し、同月二十八日翻訳文二枚を鞄に入れて出勤、三十一日から八月一日の間家族と海水浴に行き、帰宅後鞄の中を点検したところそのうち一枚が紛失していることに気づき後日、手を切る口実にするため誇張してクリニッチンに報告したところ訓練は中止され連絡にも警戒が厳しくなった。

＊

高毛礼が提供した情報は、①外務省関係資料および文書としては、経済局執務月報(秘)、通商条約および貿易協定、在日外交団および領事団名簿、高毛礼が作成した〇外務庶経済局第二課関係の原議(極秘)と〇在外公館経済情報、経済局第二課の執務年報(秘)、議会答弁資料、②他官庁および公共団体が発行した文書としては、日本経済年報、日本経済月報、通産省年報、通産省月報、特需旬報、日本の輸出入統計月報、日本の民間航空、日本港湾の現状、③資料に基いて作成した報告書としては、〇外務省政務局の係長以上の氏名、経歴、思想、性格、〇日本の対ソ政策や在日ソ連代表部に対する取り扱いについて新聞記事や事故の知識を加え作成した情報、〇昭和二十七月現在の外務省人名録、外務省の機構、各局の担当事務、各局課責任者名、〇外務省の暗号電報(普通電、略電、暗号電)について、〇日本経済の現況、外貨状況、特需傾向、朝鮮戦争に対する財界人の見方、〇中京貿易の問題点、日本経済の基本的性格、海外貿易への依存性、日中貿易が必要である理由、〇昭和二十七年後半の各国の貿易協定締結の模様、である。

高毛礼は、月末に近い連絡日に連絡場所で白い日本製の封筒に報酬が入れられて手渡され、領収書を次回連絡時ソ連側の連絡員に手渡した。報酬は、昭和二十六年一月から四月まで、毎月五千円で、計二万円、同年五月から八月まで、毎月一万円、計四万円、同年九月から翌年七月まで、毎月二万円、計二十二万円、昭和二十七年八月から翌年七月まで毎月二万五千円、計三十万円であった。ラジオやカメラの購入費、家屋増築費、一年分の活動費として渡された四千米ドルについては、その経緯等については先に記録した通りである。

＊

スパイ防止法があるわけではないから、高毛礼が起訴されて公判に付されても、外国為替および外国貿易管理法違反被疑事件として起訴され、その後（保釈中）国家公務員法違反被疑事件として追訴して、併合審理に付されている。高毛礼の関係人物として、富岡芳子と遊佐上治の二名が上がっているが、いずれも外貨の交換に関係したからである。

「富岡は米軍人のオンリーであったが、昭和十六年八月に東京新宿のバーに勤めていたとき高毛礼と知り合った。高毛礼がソ連側から得た報酬（日本円）で社債を買ったとき、高毛礼の依頼をうけて娘の名義を貸し与えた。そのほか、高毛礼がソ連側から与えられた約四千米ドルを、高毛礼の友人の遊佐上治との日本円交換について仲介し、高毛礼から依頼された一五〇〇米ドルと友人佐多可世子の斡旋分を含めて三二五〇ドルを一ドル約四〇〇円の割で交換した」人物である。本籍、千代田区神田錦町三―一―一二、住所、世田谷区池尻三九四。当時の職業は無職、大正十一年五月二十五日生。

「遊佐は昭和十六年十二月東京帝国大学法学部を卒業後外務省に就職したが、昭和二十七年一月退職して友人と対中(台湾)貿易商社『昌栄貿易株式会社』を設立し、同社の専務取締役となった。昭和二十七年四月ごろ外務省経済局第二課在勤当時の同僚であった高毛礼茂から、米ドルを日本円と交換してくれとの申入れをうけた。たまたま勤め先である昌栄貿易は台湾の商社『裕新行』とバナナの取引を行ないドル入手に腐心していたところから高毛礼の申入れを承諾し、高毛礼がソ連から与えられた四千米ドルのうちの二千米ドルを、高毛礼および高毛礼が指図した富岡芳子と日本円四八〇万円で交換した。この高毛礼と交換した二千米ドルは、他から入手した三千ドルと合わせて計五千米ドルとし、『裕新行』に支払うため、昭和二十七年四月二十四日米国に赴任した外務省勤務員谷盛規にたくして輸出したもので、これにより遊佐はその後警視庁に逮捕された」

昭和二十九年八月二十六日に逮捕され、二十八日に東京地方検察庁に送致、同年九月十六日に起訴された。昭和三十年四月六日、東京地方裁判所刑事第五部における審理の結果、竹内信弥裁判長は有罪を認定、懲役八月、罰金三十万円、執行猶予二年を言い渡した。遊佐は、これを不服として控訴したが、昭和三十二年一月三十一日東京高等裁判所第八刑事部谷中薫裁判長は控訴を棄却した。遊佐は上告したが、昭和三十四年八月八日最高裁判所第二小法廷藤田八郎裁判官は決定をもって上告を棄却した。本籍は、福島県安達郡油井村字八軒五一、住所は、世田谷区下馬二〜一五、大正七年六月二十日生である。

遊佐上治は、懲役八月、罰金百万円、執行猶予二年の刑を終えた後に、昭和三十八年七月十日にブラジルへ向かっている（佐々淳行『私を通り過ぎたスパイたち』二七四頁参照）。

平成十七年八月十三日付共同通信は、松島芳彦モスクワ特派員発の戦前の日本人スパイに関する記事を配信した。それは、太平洋戦争が始まった昭和十六年、日本政府内部に暗号名〝エコノミスト〟と呼ばれるソ連の日本人スパイが存在して、日本の対米開戦方針に係わる重大情報をいち早くスターリンに報告していたことが、ソ連国家保安委員会（ＫＧＢ）の前身ソ連内務人民委員部（ＮＫＶＤ）の極秘文書から明らかになったという報道であった。

当時の左近司政三商工大臣が九月二日に、要人との昼食で、日米交渉が決裂なら開戦となり、「九月、十月が重大局面」と明かしたと報告されたとするが、昼食会で左近司に情報を漏らしたのは誰であったかと云うことが問題で、〝エコノミスト〟は、内閣情報局の天羽総裁ではないかとの推論もあるが、高毛礼が、その〝エコノミスト〟でもあるとの説が有力である。高毛礼は、左近司が大臣辞任後に社長になった「北樺太石油会社」で、ロシア語の通訳として働いている。高毛礼がソ連に流した情報は、御前会議での日本南進決定という最高機密を、左近司大臣から得たものとされているが、未だに確証はないが有力な説である。事実であれば、ゾルゲより早くスターリンに情報が届いたことになる。戦後ゾルゲ事件が世界的な話題となったが、戦前からの手先について再検証してみる価値はある。裁判では、高毛礼の戦前のソ連諜報活動の過去には全く触れられていない。高毛礼は、僅か八月の懲役を終えて、出所後は宗教法人「修養団捧誠団」本部に勤めて、そこで三十年あまり仕事をして事務局長になり、九十四歳で逝去している。

［18］ 泉顕蔵

「総括」に記載された十七番目の人物が泉顕蔵である。

「泉は大正七年九月以来ソ連東欧諸国の日本大使館に勤務した。昭和五年彼がブラゴベジチェンスク（ソ連）の領事であったころゲー・ペー・ウーからの働きかけを受けて獲得された。泉は外交官の立場を利用して、日本の国家機密や日・独・伊三国交渉に関する重要情報を入手しては、ソ連邦内務人民委員ベリヤに報告していた。昭和二十一年三月三十日スイス在勤をとかれて帰国したが、以来サベリエフ在日ソ連代表部書記官と連絡し、日本の政治や在日米国人に関する情報を提供し、毎月三万円位を支給されていた。その後昭和三十一年七月高血圧で死亡した」

泉の本籍は、茨城県の潮来である。帰国後、杉並区天沼、山形県鶴岡市、千葉県八日市場市、と転々として、杉並区内で住所を変わったが、昭和二十四年七月から同区今川町一六八に落ち着いている。学歴は、明治四十年三月に千葉県私立成田中学校を卒業して第一高等学校に入学するが、明治四十三年七月に中途退学している。大正七年に日露協会露語講習所を卒業する。

職歴は、明治四三・一二　福島県農事試験場雇　大元・一二　右依願退職　大元・一二　福島県内務部農務課（雇）大二・五　右同内務部商工課勤務　大三・三　東京大正博覧会福島県出品取扱人　大三・七　右同解職　大三・七　内務省警保局保安課勤務（写学生）　大三・一一　右同図書課勤務

（内務属）大四・五　右同保安課勤務　大七・九　外務省に出向、シベリヤ経済援助事務をとる　大八・七　陸軍省宇ラジオ派遣軍政務部付兼務　大九・四　外務省大臣官房会計課勤務　大九・四　外務省宇ラジオ派遣軍政務部付兼務解除　大九・四　陸軍省宇ラジオ派遣軍政務部付け　大一〇・七　外務省外務書記生ウラジオストック総領事館兼務　大一一・一一　陸軍省ウラジオ派遣軍政務部付解除　大一一・一一　外務省欧米局欧米局第一課勤務（外務属）　大一二・二　ポーランド在勤（外務書記生）　大一二・一二　ラトビア在勤（副領事）　大一四・五　ソビエト連邦在勤（理事官）　昭二・二　満洲ハルピン在勤（副領事）　昭五・一　ブラ五ベチチェンスク在勤　昭七・三　ペトロパウロフスク在勤　昭七・三　満洲里在勤　昭八・一二　ペルシャ在勤（公使館一等通訳官）　昭一一・九月チェコスロバキア国在勤　昭一一・一二　右同（在公使館二等書記官）　昭一八・五　トルコ国在勤（イスタンブール出張駐在）　昭一九・八　ブルガリア国在勤（二等書記官）　昭二一・一　スイス国在勤（任公使館一等書記官）　昭二一・三　帰国　帰国後　東京通商株式会社取締役会長」と、めまぐるしくソ連と東欧の勤務地を転々としている。家族については、先妻、ロシア人の妻と長男、そして内妻についての記載がある。「先妻　泉　茂尾　（旧姓吉岡、大六・九・二六婚姻、大一四・四・二協議離婚）とあり、妻　泉　エレナ　明三五。六。二八生（ソ連モスクワ市アレクサンドル、ベルスキーの二女でエレナ・ペレスカヤ昭二・三・二一婚姻届出）　長男　泉　東洋　昭六・七・二〇生、に続けて、内妻　柴崎静子　明四一・三・一・生と記録されている。ラストボロフの供述は次の通りである。

「①暗号名〝ネロ〟がプラハの大使館にいたとき（日・独・伊）三国同盟があり、ソ連側にとって〝ネロ〟の存在は重要であった。というのは、彼はベリヤが直接使っていたエージェントであり、しかも三国同盟会談でマツオカ（注記▼松岡洋右外相）が提出した書類は、彼が準備したものであった。彼がエージェントとなった経緯はモスクワ在勤中結婚したロシア人の妹がソ連の人質となったことからである。彼は日本に帰ってからも協力を続けたが、情報は主として有力な友人との会話が基になっていた。現在は重病にかかり、連絡は一年前（昭二十八）に打ち切られた。②〝ネロ〟と〝イズミ・コーゾー〟は同一人物である。彼がマツオカ・リッペントロップ会談（注記▼三国同盟に付随する会談）の情報を提供したのはプラハではなくブルガリア在勤中であった。彼は戦時中帰国した妹と一緒に暮らしていたが、一九五二年（昭二十七）東京都杉並区今川町一六八に移転した。彼の妻は、一九四六年（昭二十一）ヨーロッパからソ連に帰る途中飛行機が墜落して死んだという話が捏造された。私は一九五一年（昭二十六）日比谷劇場で彼がサベリエフと会っていたのを一度見た」

＊

捜査経緯は次の通りである。

「ラストボロフ供述に基き東京都杉並区今川町一六八居住のイズミ・コーゾーについて捜査したところ、同所に東京通商株式会社会長泉顕蔵が内妻柴崎静子、実姉下平せいと居住していることが判明したので、さらに内偵捜査を進めた結果、泉は大正七年外務省に奉職し陸軍の嘱託としてソ連に行き、その後欧州諸国の大公使館勤務していたことが判明し、ラストボロフ供述の〝ネロ〟と同一人物であるという確信を得た。

昭和二十六年六月七日山本公安第三課長は木幡警視と病気(高血圧症)静養中の泉を自宅に訪ね、任意取り調べを行なった。泉は平成を装いながらもかなり衝撃を受けた調子で質問が核心に触れると支離滅裂な供述をなし容疑事実を全面的に否認したが、山本課長らは病気を気づかいながらも語りたがらない泉から断片的な供述を得た。同年六月十四日再度、木幡警視が泉を自宅に訪問し取り調べた結果、泉は『ご迷惑をかけ誠に申しわけありません』と言って、帰国後ソ連に協力した経緯および活動状況を供述した。しかし、戦前の在外勤務中における諜報活動については否認した」

＊

活動状況については、「総括」では次のように記録されている。

「泉は昭和二年三月二十一日モスクワで十二才年下のエレナというロシア人と結婚した。昭和十五〜十六年ごろ独・ソ間が非常に険悪になり、日・ソも良好関係が崩れてきたため妻と男の子を中立国であったスェーデンに行かせたが、妻からは一度便りがあっただけでその後の消息はわからなくなってしまった。昭和二十一年三月三十日単身帰国し、戦後の物資難と闘いつづけてきたが昭和二十三年ごろになって一応身辺が落ちついたので、モスクワに帰ったと思われる妻子の安否を気づかい在日ソ連代表部を訪れて所在調査を依頼した。幾日かたって泉は再び代表部を訪ねたところ、案内の館員によってサベリエフ書記官(写真面割で認定)に引き合わされた。サベリエフは『ここでは詳しい話はできない』と言い、面接の日時と場所を指定した。そして何日かたった後、泉は靖国神社第一鳥居前でサベリエフと連絡した。サベリエフは妻の消息について『まだわからぬ』と答え泉を慰めた。泉はこの時以来秘密連絡をつづけるようになった。

また、外国勤務中ソ連に協力したかどうかということについて、泉は『昭和五年ごろ、ブラゴベチチェンスク(シベリア)の領事であったころ。妻が妊娠したので妻と妻の母をモスクワに帰した。ある時、ゲー・ペー・ウーの者が妻に誘惑と脅迫を加えスパイするよう強要した。妻は驚いてモスクワの日本大使館に泣きこみその結果、私たち三人は一時日本へ帰されることになった。その後私はペルシャ勤務となったので妻を呼び寄せようとしたところ、ソ連は妻の通過査証を拒否したので止むなく妻は船でペルシャに来たことがあった』と述べ、ソ連から働きかけがあった事実を認めたが、海外勤務中ソ連に協力していたことについては否認した。

しかし、ラストボロフ供述を全体的に見た場合信頼性が十分認められるので、これに若干の説明を加えれば、泉顕蔵こそ昭和十六年十月十八日警視庁に検挙されたソ連諜報員ゾルゲに匹敵するものと言っても過言ではなかろう。しかもゾルゲらの活動の最重要時期につぶされてしまったが、泉だけは健在であった。泉は外交官のポストを利用して、日本の国家機密や枢軸国側の重要情報をとっては、次々とベリヤに渡していたのである。昭和十五年、時あたかも日・独・伊三国交渉は進展し、駐独大使大島浩、駐伊大使白鳥敏夫は職を賭して同盟の締結を急いでいた。ブルガリア自体が枢軸側に入ってきたため、これらの動きは泉にはわかったことであろう。大島大使は爆弾を持った十人のロシア人をブルガリアから発進させ、スターリンを暗殺する計画でソ連内に送り込んだが、国境突破には成功しながらも一行は捕えられ殺された。このことは極東裁判の席上、初めて明らかにされたことであるが、ラストボロフの供述に比重をかければあるいは泉の通報によるものではないかとの推測ができる」

「総括」は、泉の戦前の活動を詳述はしていない。スターリン暗殺を頓挫させたことで、ゾルゲに匹敵するスパイだったかと示唆する。

泉は、昭和二十四年初めごろから、昭和二十七年高血圧で倒れるころまで、約四十回にわたって連絡した。連絡場所は、○靖国神社第一鳥居の石灯籠付近、○九段坂交差点から半蔵門方向に約一〇〇米の右側歩道上、四谷駅南口、国会図書館(今は赤坂離宮)正面前路上(ここが最も多く使われここから自動車に乗せられ、車内連絡したこともある)、○勧業銀行本正面入口(今のみずほ銀行本店、千代田区内幸町一の一)、○有楽町一の八の日比谷映画劇場前路上、○荻窪駅北口付近。指定日に連絡できなかった場合は、赤坂離宮の銀杏並木(何本目かは失念)に印をつけ、異常なしの意味だが、実際には使用しなかった。

なお、荻窪駅北口が、連絡場所として使われたことは何故だろうか。近衛内閣にソ連の手先が潜んでいたと言われることから、近衛公の別宅があった荻窪との関係が想像される。報酬は、一カ月三万円くらいが支給され、初期はこれより少額だった。いずれも千円札ばかりで、受領書は、次回の連絡で提出した。病気見舞いにきたサベリエフから金側懐中時計を贈られたことがある。報酬の使途はすべて生活費に充てられていた。泉は、昭和三十一年七月十四日高血圧で死亡した。

［19］　暗号名はタテカツとヤマダ

渡辺三樹男は、昭和十六年十月から毎日新聞社モスクワ支局長としてソ連に滞在していたが、ソ連諜報機関と連絡を取り、日本大使館員日暮信則ら東京外国語学校出身者グループ員に対ソ協力を勧奨し、昭和二十一年五月三十日引揚げた。

引揚げ後は引続き毎日新聞社の記者として勤めるかたわら在日ソ連代表部員に情報を提供していたことが、ラストボロフと日暮の供述から十分うかがわれたが、適用刑罰法令の欠如により強制捜査に踏み切れず真相を追究することはできなかった。

渡辺の本籍は、福島県南会津郡田島町大字塩江字上坪二九九五、昭和二十四年五月当時の住所は、世田谷区世田谷五―二六三六だった。昭和八年三月に東京外国語学校露語部を卒業して、昭和八年に樺太のオハ所在の北樺太石油に勤務して同年十二月から満洲ハルピン商工省経営の商品陳列館に勤務、昭和十年からハルピン日日新聞社に入社している。昭和十四年三月に内地に帰還、大阪毎日新聞本社東亜部に勤務し、昭和十六年十月、同社モスクワ支局長として赴任する。昭和二十年八月から抑留生活となり、翌年五月に帰国、毎日新聞東京本社欧米部勤務となり、翌年春から政治部に変わり、首相官邸と外務省を担当する。昭和二十四年一月には労働省担当、昭和二十七年十一月の時点では外務省担当の政治部記者であった。家族は、妻と長男、長女の三人であった。

ラストボロフ供述は次の通りである。

「渡辺三樹男は、暗号名を〝タテカツ〟と言った。聞くところによれば、昭和九年にオハでソ連官憲に逮捕され、二年間抑留されていたが、ソ連の情報活動員として働く条件で釈放され、ハルピンに渡り、おそらくソ連の指図に従って、ハルピン日日新聞社に入った。一年後、毎日新聞本社に移り、更にモスクワ支局長になるが、普通日本人がソ連の入国査証を得るには早くて六カ月から一年はかかるのに、申請後二カ月以内で許可を得て査証を得る苦労をしなかったとの説があった。東京外国語大学の親ソ団体の有力会員であり、多分共産党員であって、一九五一年二月現在日ソ友好協会の役員をしていた。大陸問題、ソ連研究などの雑誌に寄稿しており、大陸事情研究会の評議員でもあった。昭和二十二年現在では、社会党員で、国会議員になることを希望していた。昭和二十三年には、藤沢市鵠沼西海岸通五三六五に住み、昭和二十六年には、横浜市南区仲町井戸谷井四八に住んでいた。モスクワ滞在中は、日本大使館の民主グループの一員で、ソ連M・V・Dは渡辺を民主グループの長に任命しようとした。帰国後ソ連に提供した情報は、価値のないものであったため、彼は時々叱られていた」

米国国立公文書館の資料群RG319の非個人ファイルであるBox114 Japanese Agents of Soviet Intelligenceに、渡辺三樹男の名前が掲載されており、報告内容がソ連に非常に高く評価されている一九三七年以来の日本人エイジェントであるとの記載がある。戦前からの手先だったのだ。

＊

警視庁公安部は、昭和二十九年八月十七日から同二十日までの間、三回にわたり、渡辺の任意出頭を求めて取り調べを行ったほか、東京地方検察庁においても同年十月五〜六日参考人として取り調べを行ったが、渡辺はラストボロフ供述による対ソ協力の諜報事実を否定している。しかし昭和二十九年八月二十五日東京地方検察庁において国家公務員法違反被疑者として取り調べられた日暮信則の供述によれば、渡辺三樹男は終戦当時ソ連M・V・Dの手先として日暮らに対ソ協力の誓約を働きかけた事実があり、このことから引揚げ後もソ連側に手先として継続協力していたことが推測される。

昭和三十五年には、毎日新聞社に勤務したまま、東京外国語大学ロシア語研究室非常勤講師を務め、昭和三十八年五月には、毎日新聞社を退職して三栄測器株式会社取締役となる。昭和三十九年三月施行の会津若松市長選挙に社会党公認候補として立候補するが落選している。昭和四十年二月福島県から参議院議員選挙に立候補する予定であったが、社会党から公認されず出馬を断念している。このほか昭和四十年二月二十六日工業会館クラブにおいて開催された日ソ交流協会設立総会で同協会理事に選任され、同年三月十一日日ソ親善協会の創立準備委員会においては準備委員に選出された。

渡辺三樹男には、昭和二十二年に上海書房から出版した『ソ連特派五年』と題する回想録の著作がある。外国文化社という出版社から再版もしている。国会図書館の記録によれば、昭和二十三年、「気質のない気質――各国の公務員気質・ソ連」と題する短い論文を『公務員』(通号一号、一九四八年十一月、三五―三六頁)に掲載している。後年、日本・ロシア協会の事務局長となり、昭和五十一年一月二十九日逝去している。

*

大隅道春は、在モスクワ日本大使館武官室の海軍書記として勤務中終戦を迎えた。ソ連に抑留された後、昭和二十一年五月三十日帰国する。本籍は、静岡県浜松市上池川町一一三で、昭和十二年三月、東京外国語学校露語部を卒業して、同年五月から海軍軍令部第四部第一一課(対ソ通信諜報担当)に勤務し、特務班(ソ連班担当)、同軍令部第三部第七課と異動した後に、昭和十九年六月にモスクワに赴任する。ラストボロフの供述は、次の通りである。

「暗号名〝ヤマダ〟は、昭和二十年モスクワ駐在日本大使館の海軍武官で民主グループの一員であった。彼は、抑留中ソ連政府に協力することを誓約し、帰国に際して家屋建築費用としてたくさんの金を貰った。昭和二十一年帰国と同時にソ連代表部M・V・D員の協力者として運営され、昭和二十三年同代表部海軍諜報員に引継がれたが有能な協力者であった」

しかし、「本名は誓約および帰国後在日ソ連諜報組織の手先として活動したことを否認しているが、ラストボロフと日暮信則の供述を総合すれば、暗号名〝ヤマダ〟として諜報協力を誓約し、帰国後は在日ソ連代表部内のM・V・Dに、次いで海軍情報部に運用された有能な協力者であったと云われる」との供述である。

捜査経緯としては、「国家公務員法違反被疑者日暮信則の供述によりラストボロフ供述による〝ヤマダ〟は元モスクワ駐在日本大使館武官室書記大隅道春であることが明らかになったので、昭和二十九年十月二十日と十一月四日の二回警視庁公安第三課に任意出頭を求め、諜報誓約ならびに活動実態を追及したが大隅はこれらを全面否認した。しかし、長谷検事に対する日暮供述は①グループの中に大隅道春がいた。②日暮は対ソ協力を誓約したことを自供し、庄司宏、清川勇吉は誓約について日暮に相談した事実があり、③グループ員相互は誓約事実を隠していたことなどラストボロフ供述の信憑性を高めるものであり、大隅も関係グループ員同様諜報誓約をなし、帰国後活動していたことが推認される」との記述が残る。

三田和夫著『赤い広場——霞ヶ関』の六〇ページには、「在モスクワ日本大使館内に結成された『新日本会』の結成後の運営に、『ソ連側に協力する』という方向であったので、これはイカンと云いだしたのが大隅氏で、リーダー格の渡辺氏と論争ばかりしていた」との記述も残っている。大隅は引揚げ後、横須賀に居住して、日本通信社に勤務する。昭和二十四年五月日本関税協会に就職、翌年五月には日本海事新聞社(貿易部)に入社する。昭和二十七年には、機械経済研究会に勤務して、「機械通信」を発刊している。

なんと驚くべきことに、昭和二十九年三月には、防衛庁事務官に採用され、海上幕僚部調査部に勤務したばかりか、同年九月には三等海佐に任官し、同三十一年十一月に退官したとの記録が残る。退官直後に、故郷の浜松に戻り、三四年五月から本籍地で飾品卸商を経営している。

〔20〕裏付捜査

大沢金蔵は、ラストボロフの供述によれば、「日本で徴募された数少ない日本人の一人で、氏名、暗号名とも明らかでない。彼は米軍の捕虜であった時代に反米感を抱き、帰国後ソ連人ボリス・アファナンシェフによって獲得された。彼は米国人経営の米軍施設工事請負会社に雇われていたが、この仕事に関係する青写真や情報を提供していた。多分サバリエフかグリンノフによって運営されていたと思う。彼は英語を話すことができ雇主のステーションワゴンを運転している」。

そのラストボロフの供述に基づき捜査を進めた結果、東京都板橋区大山金井町三八居住の大沢金蔵(大四・五・一六生)について次のことが判明したので該当者と認められた。

大沢は、○元陸軍曹長で第二八師団防疫給水部に所属していたが、昭和二十一年二月十一日宮古島から引揚げた。○元GHQ造船課長であった米国人エドガー・F・シャープが経営する会社に勤務し、同社所有のウイルス・ステーションワゴン四九年型を運転している。○大沢が勤めるE・F・シャープ社は沖縄を含む在日米軍基地の建設工事を請負っているため、同基地の青写真を保有しており、しかも大沢は同社の支配人的地位にあり、これら書類を自由に取り扱える立場にある。○ボリス・アファナシェフと親交がありアファナシェフの自宅に出入りしているなど、ラストボロフの供述に符合する事実が明らかになったほか、大沢の人物写真を入手することができたので、写真を米国に送りラストボロフに面割りした結果、供述と同一人物であるとの回答を得た。

*

大沢に対する裏付捜査は一時中断していたが、昭和三十四年五月に再開され、新たに大沢の財産状態が、E・F・シャープ社入社後三年間で急激に伸長し、アパートを新築したほか山中湖畔に別荘を買い、自家用車を持つほど裕福になったことが判明、この資金の出所を追及し合わせて諜報容疑を究明するため警視庁公安第三課に任意出頭を求めた。大沢は当時板橋区保護司会理事、板橋区保護観察協会理事など地区役員の肩書を持っていたので立場を十分尊重して取り調べたところ、虚偽事実を供述し諜報については頑強に否認していたが、適切なる裏付捜査による執拗なる追及に抗しきれず遂に諜報事実を認めるに至った。

＊

大沢は、昭和九年から六年間、板橋区志村の館岡春吉方に住んでいたころ、館岡方に洋服行商人として出入りしていた東京都板橋区幸町四八、白系露人ボリス・アファナシェフ(一八八七・八・九生)を知っていた。その後大沢は招集によりしばらく会わなかったが、昭和二十二年ごろ上板橋三丁目のバス停留所において偶然二人は再会して無事を喜びあった。それ以来アファナシェフ宅を訪ねて石鹸や煙草などOSS(海外供給物資店)の横流しを受けるようになり次第に交際は深くなったが、昭和二十五年六月ごろ大沢が代表取締役であった東京都中央区京橋二～四所在の八重洲紙業株式会社が経営不振となって、アファナシェフから十万円を借財したため離れられなくなった。

昭和二十六年四月ごろアファナシェフ宅を訪ねた大沢はアファナシェフから米国に対するソ連の優位性や、米国の日本植民地化政策などを説明されソ連に協力するよう説得された。その後、アファナシェフの自宅を訪ねた時に、ソ連代表部員という男(ロマコフ政治顧問班員)を紹介された。ロマコフは、ソ連に協力すれば月額四千円を与えることを約束すると申し出、大沢は生活が苦しかったので承諾する(昭和二十七年九月以降は一万五千円に増額された。これは当初ソ連側がみていた以上に大沢の提供資料が貴重なものであったことと、日米講和条約発効により日本が独立したため従来の力によるエージェントの運営が実情に沿わなくなったことを物語っている。そして、大沢は昭和二十六年六月から二十八年六月ごろの間に合計約三〇〇万円の報酬をうけているが、その中から約一四〇万円を昭和二十七年ごろ建築した十二坪の木造住宅と一二〇坪のアパート購入費用にあてていた。大沢の家族は、妻と長男と次男の四人家族であったが、昭和四十一年七月八日に協議離婚が成立している。大沢に情婦がおり、板橋区大谷口二―三二に居住する、バー、不動産経営、宮崎みどりの名前が残る)。その次の週の水曜日の午後八時に板橋二丁目にある大和印刷株式会社前路上に履歴書を持参するように指示があったほか、「指定場所には自動車でライトを消して近づくがもし付近に人がいたら自動車には乗り込まずにいること、自動車は付近を一巡してその場所に行くから」との注意を受けている。

第一回目の連絡の際、ロマコフが厚紙に書いた誓約書に署名させているが、そこには「ソビエト連邦共和国に忠誠を誓う。家人といえども他言しない。もし違反した場合はどんな処罰でも受ける。右誓約する。年月日」と日本語で書かれていた。このようにして大沢は、昭和二十六年六月から二十八年六月ごろの間、第一・第三水曜日を接触日として、毎月二~五回(計五十~六十回)ソ連側が指定した場所、いずれも東京都内でロマコフやサベリエフと連絡した。

提供した情報内容は、○米軍関係記事○造船について海外からの受注状況○ナパーム爆弾製造の入札状況○自動車防進器の売込み状況○沖縄嘉手納飛行場に対するワイヤフェンス(保安用金網)の発注状況○カマボコ兵舎(東大、星野教授設計)の性能○立川基地からの触発信管の発注状況○カストム・ファイヤーマン消火器（カーソン氏発明）の性能と立川基地における消火器の修理状況○シャープ社の出入関係者、同社長の旅行状況○立川、横田、厚木の各米軍基地における航空機の種類と機数○沖縄嘉手納飛行場の滑走路、兵舎、格納庫○厚木基地の飛行機待避壕○横須賀基地の平面図○立川基地内の酸素工場内部の設備と機械配置図○三沢基地の平面図○ナパーム弾の尾翼と部品○弾頭信管部○羽田空港の滑走路および燃料タンクの位置（注、設計図は提供した翌日、指定場所においで返してもらい、これを海佐の保管場所に返していた）○提供した設計図（青写真）の内容○米国製無線機を提供、昭和二十七年九月ごろ、大沢は神奈川県三浦郡三崎町油壺に繋留してあったシャープ社所有のヨット〝ハジメテ号〟管理人石丸揚之助の留守を狙ってヨット内に備え付けてあった米国製携帯無線機を持ち出し、二、三日自宅の車庫に隠しておいた後、板橋区幸町四五愛育院附属病院前路上においてロマコフと連絡したとき手渡した。この無線機はハンドルを回すとSOSを自動発信する装置になっており、大沢は提供した翌日同無線機の返還をうけ、秘かにヨット内に返しておいた。

大沢には情婦がいたことは先述したが、昭和四十年十月ごろ、家庭不和で妻と離婚訴訟中、香港に向け出国している。住民登録は板橋区においたまま、以降の本人の所在は確認されていない。

＊

「総括」に記載された二十一番目の人物が中尾将就である。明治四十二年十月二日生、当時の職業は、常磐信用金庫飯田橋支店勤務。中尾は終戦当時北支派遣軍情報部に属しロシア人工作を担当していたが、終戦後北京でソ連から働きかけをうけて協力と忠誠を誓約し、昭和二十三年四月引揚げた。翌年四月厚生省引揚援護局に奉職したが、そのころ何者かに身辺を監視されているような気がして恐しくなり、北京でソ連に誓約したことが心配となって、在日ソ連代表部を訪ねた。以来コンスタンチーノフやサバリエフ書記官と港区青山南町や俳優座裏付近で街頭連絡し、板垣、荒木元大将ら二十数名の個人資料を提報していた。連絡毎に一万円位の報酬をうけていた。

身分関係として、本籍は東京都杉並区天沼一―一二一、住所歴は昭八　東京、昭一四・一　北京(中国)、昭二三・四　東京都板橋区上赤塚七五　大成建設飯場内。学歴は昭八・三　東京外国語学校露語部貿易科卒業。職歴は昭八・五　商工省貿易局、昭九・五　北樺太石油(オハ駐在員)、昭一四・一　北支派遣軍司令部参謀部嘱託(ロシア人工作)、昭二四・四　厚生省引揚援護局、昭二六(株)共同広告外務員、昭二七・三　常磐相互銀行飯田橋支店外務員。家族構成は、妻と一男一女であった。

ラストボロフの供述は次の通りである。

「暗号名『ソム』は戦時中、中国でO・S・S(戦時業務局)の下に働いていたが、終戦後ソ連側工作員に獲得された。彼は公安調査庁の関係者から日本共産党についての資料を入手した。この資料は日共の活動を内容とする厚さ一・五センチメートル位のパンフレットで表紙に〝秘密〟のスタンプが押してあった」

暗号名「ソム」について経歴などから中尾将就が該当者と認められたので、昭和二十九年六月十九日東京都文京区所在の〝長保楼〟に任意出頭を求め取り調べた結果、戦後北京においてソ連から協力を求められて誓約した事実や引揚げ後在日ソ連代表部員に引揚者の個人資料を提供していた事実が明らかになった。昭和十四年一月　北支派遣軍情報部の嘱託として中国に渡り、主としてロシア人工作にあたっていたが、第二次大戦終結後のある日、かって運用していたロシア人からA級戦犯に指名されていることを知らされた。中尾は驚いて早速北京のソ連大使館を訪ね知人のパトリチェフに真偽を質したところ、パトリチェフからケルリンスキー一等書記官を紹介された。ケルリンスキーは中尾に厳しく接し戦時中の活動を追及した後、チトフと呼ばれる男を紹介した。チトフは物静かな態度で中尾を慰めてくれた。

その後、不安な日々を送っていた中尾はソ連大使館から出頭を命ぜられ酒食の供応をうけた。案に相違したソ連の待遇に接した中尾は態度の急変したチトフからソ連に忠誠を誓うよう脅迫され、逃げることもできず遂に誓約書を書かされた。昭和三十七年六月国税協会嘱託、翌年六月東京都清瀬町上清戸六〇六に転居。

＊

ユージン・アクショノフは、一九二四年三月五日生の白系ロシア人（無国籍）であるが、昭和十八年満洲から単身来日、戦後東京慈恵医大在学中米陸軍病院に勤務し、卒業後日本人経営の診療所医師を経て診療所を開設したが、性病治療のため来院した米軍将校の氏名などを在日ソ連代表部に提報していた。

ラストボロフは、ソ連側はこの報告に基づき米軍人を脅迫して協力させる工作を計画していたこと、「彼は患者の氏名を他に漏らすことが法に触れることでもあることは知っていた。また英国人の氏名をよく知っていたので英国情報機関にも情報を提供していたものと思う」と供述している。昭和二十九年九月一日午後八時三十分ごろ千代田区有楽町一丁目三信ビル地下ピータース・レストランにおいて英軍諜報部少佐ジェームス・スチーブンスと接触したのを、視認されている。

昭和二十九年九月一日警視庁に任意出頭を求め取り調べたところ、アクショノフは、「昭和二十二年ごろ満洲に残してきた両親の安否を尋ねて在日ソ連代表部を二回訪問し、そこでサベリエフに会った。交際を続け彼から両親の健在を知らされ、彼の妻を診療したり、紹介をうけて代表部員の堕胎手術や性病治療を施し、手術代四万円、淋病の治療費三千円、結核の薬代五千円の計四万八千円を受領したことのほか、〝ロシア人の会〟に出席するよう勧められたがそれ以外の関係はない」と諜報容疑事実については否認した。

しかし、友人とするサベリエフはM・V・D班員であることおよび代表部に近づいた動機が両親の消息を気遣かってのもので、諜報手先に獲得されやすい条件がそこにあったことなどから、ラストボロフ供述にある性病治療をした米軍将校の氏名などをソ連代表部に提供していた事実は間違いないものと確認される。昭和三十六年十月東京都港区北青山二—七—五に転居、内妻斉藤紀代子と同棲する。診療所は、昭和三十七年八月麻布飯倉六—一四に移転する。経営は順調で、昭和四十年長野県下に別荘地四四八坪を得たほか、昭和四十三年には千葉、川崎の市内に外国船員専門の診療所を新設する。昭和四十二年十一月ソ連大使館における「革命五十周年記念パーティ」に出席している。

〔21〕 クロダとハニートラップ

坂田二郎は、「総括」に記載された二十三番目の人物であり、当時の職業は共同通信社整理部長。生年月日は明治四十二年十月二十一日である。

坂田は、昭和二十年同盟通信社モスクワ支局長として終戦を迎え、ソ連に抑留されたのち昭和二十一年五月に引揚げている。終戦の時ソ連政府に協力を誓約し、引揚げ後も在日ソ連代表部員に情報を提供したとのラストボロフ供述に基づき、昭和二十九年八月十四日警視庁公安部第三課において任意に取り調べたところ、坂田はこの容疑事実を全面的に否認した。他にラストボロフ供述を裏付ける証拠もなく諜報事実を解明できないまま捜査を打ち切った。

身分関係としては、本籍が東京都目黒区下目黒四〜八七八、住所暦は、昭和二二・六から東京都中野区野方町二—一五五九　乾康郷方、昭和二三・一二から同じく野方町の二—一五五三　安原むら方　昭和二三・二月から同じく野方町の二—一五五七奥沢弘道方へと転居して、昭和二三・一一から東京都港区芝白金芝里町八四　共同通信社白金寮、昭和二十七年一月から本籍地の東京都目黒区下目黒四〜八七八に戻って居住している。

学歴は、昭和八年三月に東京帝国大学文学部卒業。職歴は昭八・四に連合新聞社入社（後の同盟通信社、戦後共同通信社と改称）、昭一三〜一五　同盟通信社中支方面特派員、昭一七・二　特派員としてソ連クイビシェフ赴任、昭一八・夏　同社モスクワ支局長　昭二〇・八月　モスクワで終戦、抑留　昭二一・五月　帰国　共同通信社復職、昭二一・六月　同社社会部長、解説委員、昭二六・春　同社整理部長、昭二七・三　同社欧州移動特派員（昭二七・四〜六モスクワ地区滞在）　昭二九・八　同社編集次長兼整理部長　家族は、妻と長女、長男、二男である。

＊

ラストボロフの供述は次の通りである。

「暗号名〝クロダ〟は第二次世界大戦が終結したとき、同盟通信社員としてモスクワにいたがソ連政府に忠誠を誓ったものである。彼は引揚げた直後からソ連代表部員に情報を提供した。昭和二十六年の夏、クラスニヤンスキーが高輪台の付近で連絡したとき私も同行した。最後に運用したクリニッチンが昭和二十九年一月、日本を去ってから彼に対する連絡は行なっていない」

警視庁では前記ラストボロフ供述から戦後ソ連に抑留された元同盟通信社員〝クロダ〟なる人物について捜査したところ、共同通信社整理部長坂田二郎が該当者と認められたので、昭和二十九年八月十四日、公安第三課に任意出頭を求め取り調べた。坂田は対ソ協力の事実を否定し、引揚げ後ソ連人と会ったのは昭和二十七年三月ごろと同二十八年三月ごろの二回、銀座西の西洋料理店〝なごや〟において岩本編集局長が主催した午餐会の席で、在日ソ連代表部の参事官ルノフと会っただけであると語ったため、この否認をくつがえす証拠をもたない警視庁としては、結局、捜査を打ち切らざるを得なかったとしている。

*

三田和夫著『赤い広場――霞ヶ関』は稀覯本となっているが、その冒頭は「瞼の父を恋うモスクワの混血児」となっている。坂田二郎氏、「一人のロシア女と深い関係にあり、それで脅かされたと言う客観的な事実が存在するのである」と書かれている。しかも、「文藝春秋」の昭和三十年二月号に掲載されたラストボロフの手記、つまり米国のグラフ雑誌「ライフ」の転載記事からの転載であるが、原文では「脅迫で動かされた新聞記者」との表現が、「日本人をスパイに買収」となり、終戦時にモスクワ駐在の特派員だった坂田二郎を、濃厚なロシア女の恋の虜にするという、現代にいうハニートラップの手段でのスパイ獲得方法が適用されたとのくだりは、削除されていることを指摘している。

坂田二郎は講和発効後に初めての日本人記者としてモスクワ入りをした。「お前の子供に逢いたくはないか。逢わしてやるぞ。ふたたびモスクワへ新聞記者として行ったらどうか」とささやかれ、その入ソ許可は成長した我が子に逢うという目的で与えられ、実はソ連諜報網への協力者としての論功行賞だったのではないか、との穿った見方を紹介する。

ライフの米国版が、日本では共同通信社によって買い占められた可能性、文藝春秋社が面白い部分を削除したこと、本人が本社から地方に転出したことも記録される。その章の末尾に、昭和二十七年五月一日付毎日新聞の短いモスクワ発の記事を添付している。

「モスクワ三十日＝UP特約　共同通信社の欧州特派員坂田二郎氏は、戦後初めての日本人記者として、三十日ヘルシンキからモスクワに到着した。坂田氏は高良女史、帆足、宮腰氏らと同じく日本政府の入ソ禁止の方針に反して、ソ連との直接交渉の上モスクワに到着したものである」(注、高良とみ子氏［参議院議員、当時］等については、前掲著『赤い広場――霞ヶ関』には、「シベリア・オルグの操り人形たち」と一章を設けて詳細な分析が行われている。)

＊

平島一郎、大正八年二月四日生、当時の職業、電電公社建設部工法課勤務が「総括」に掲載されている第二十四番目の人物である。

平島は終戦当時、関東軍固定通信隊材料廠工場長（陸軍技術少尉）であった。ソ連に抑留中の昭和二十二年クラスノゴルスク収容所において対ソ協力誓約書に署名し無線通信技術の教育を受け、昭和二十三年七月四日、引揚船英彦丸でナホトカから舞鶴に帰国。平島はソ連の指令通り、帰国直後の七月十五日東京築地本願寺の門柱に白墨で〝帰〟の文字を書き、ソ連側が点検したのを確認して同年十一月と十二月の各十五日聖路加病院と歌舞伎座前にてソ連機関員と連絡した。昭和二十四年一月米側から取り調べを受けて以来ソ連側の連絡は断たれたため情報提供は行われなかった。

平島の身分関係は次の通り。①本籍は、東京都中央区銀座西四〜一　②住所歴は、昭二三・七・七東京都目黒区下目黒四―八七一　内田好之輔方（妻の住所地）、昭二六・一〇　広島県御調郡美ノ郷村本郷一一七、昭二七・四　東京都渋谷区幡ヶ谷笹塚一三二七　昭二七・一一　福岡県田川郡香春町本町　昭二八・二　前掲の渋谷区笹塚の住所、事案後は、昭三二・四　広島市舟入南町二〜六九〜三　昭三八・一　渋谷区鉢山町一三　電電公社社宅一一一号　昭三八・四　名古屋市中区鍛冶町　国際電電局内　昭三八・九　渋谷区笹塚三〜五七（の自宅に母と妻、娘の四人で暮していた。）③学歴は、昭一六・一二　早稲田大学理工学部卒業　④職歴（軍歴を含む）は、昭一七・一　日本電信電話公社入社（注、逓信省の誤りか）昭一七・四　補充兵として近衛野砲隊入隊　昭一七・一一　幹部候補生として陸軍兵器学校入校　昭一八・四　同校卒業、少尉任官、関東軍固定通信隊転属　昭一八・五　関東軍固定通信隊材料廠工場長　昭二三・七　日本電信電話公社建設部工法課勤務　昭三一・四　電電公社広島電気通信保安部長　昭三八・一　電電公社建設局総合工事長　昭三八・四　電電公社名古屋市外局工事監督事務所長　昭四一から四二年一二月現在で、電電公社マイクロ無線部調査役（課長補佐）として勤務していた。⑤抑留歴　昭二〇・一二　マルシェンスク収容所　昭二一・五　クラスノゴルスク収容所　昭二二・九　火山氏に近い捕虜収容病院に入院　昭二二・一二　カザン収容所　昭二三・六　ナホトカ収容所　である。

ラストボロフの供述は、「氏名不詳の無線通信士で、ソ連に抑留後引揚げ、昭和二十六年ごろは東京の渋谷付近に住んでいた者がソ連代表部に協力している」とあったので、この供述に基づき渋谷区内のソ連引揚げ者で無線通信士を捜査していたところ、東京都渋谷区幡ヶ谷笹塚一三二七に居住する日本電信電話公社員平島一郎が容疑者として発見されたので昭和二十九年六月二十五日と同月二十八日警視庁公安第三課に任意出頭を求め取り調べた結果、対ソ協力誓約や引揚げ後の連絡事実について供述した。

「平島は昭和二十二年四月ごろマルシェンスク収容所において、モスクワから派遣されてきたといわれる通称イワノフという私服将校の取り調べをうけた。それから約一カ月たったある日、同じ収容所にいた三橋正雄（注記▼三橋はソ連抑留後、ソ連諜報機関に協力することを誓約し、帰国後元ソ連代表部員の指示のもとに無免許無線局を開設してソ連本国と無線連絡を行ない、その間米軍の探知するところとなり、重ねて米軍に協力することを誓約し昭和二十七年十二月国警東京都本部に自首したら七名とともにクラスノゴルスク収容所に移された。昭和二十二年七月下旬同収容所の女将校アンナ中尉の部屋に呼ばれ以前取調べられたことのあるイワノフから協力を要請されロシア語で書いてある文書の署名を求められた。平島はロシア語を解読することはできないが、直感で誓約書と察知して『これにサインすれば日本に早く帰れるか』と質問したところ『ほかの人より早く帰れるだろう』と言われたので、帰国したい一心でサインした。

その後イワノフから『サインしたことについては絶対に他言しないこと。もし聞かれたら技術的なことで呼ばれたと答えなさい』と注意された。平島はその後もラジオ修理作業をさせられていたが、一カ月後突然転属命令をうけた。アンナ中尉に付き添われて収容所から歩き約一〇〇メートル離れた所に駐車してあった乗用車に乗せられ、イワノフも加わって出発した。それから約二時間走ったころ乗用車は林の中の高い塀で囲った大きな二階屋に着いた。ここでビクトルと称する三十才位の男を紹介され、この男からその後の約一カ月間無線通信技術の指導をうけた。またそこでの待遇は収容所に比べればよかった。

訓練が終わったときイワノフが来て次のとおりの指示をうけた。『日本に帰ったら次の月の十五日東京築地の本願寺に行き門柱にチョークで〝帰〟という字を書きなさい。われわれがそれを確認したら〝帰〟の上に〇を記入する。君は翌日確認し〇印があったら三カ月後の十五日午後三時に聖路加病院に行って、新聞紙を丸めて右手に持ち行ったり来たりしなさい。われわれの仲間が発見し、君に近づき『この病院は爆撃をうけなかったのですか』と聞くから、君は『私は満洲にいたので知りません』と答えなさい。その後のことはその時に指示する。もし、この日に何かの都合で会えなかった場合は翌月の十五日午後三時を接触日とする。この約束を破るようなことがあれば生命はないと思いなさい」(後略)
平島は、言われた通りに築地本願寺に行って印をつけて、翌日○印がついていることを発見してソ連側の確認があったものと判断している。

*

平島は帰国後、日がたつに従い、誓約を破っても生命の危険はないだろうと考えるようになり、〝帰〟のシグナルを送ってから三カ月後の昭和二十三年十月一五日の連絡は取り止めた。しかしその後不安になって次の月の十一月十五日午後三時東京都中央区明石町二三所在の聖路加病院に行く。新聞紙を右手に持って行ったり来たりしていると京橋方向から二人連れのソ連人が近づいてきて、そのうちの一人が合言葉で話してきた。
平島が打ち合せ通り合言葉で答えるとソ連人は平島を誘って歩きながら、「今日は何もありません。来月十五日午後三時に歌舞伎座前で会いましょう」と言って去った。昭和二十三年十二月十五日午後三時約束どおり歌舞伎座前に出向きぶらぶらしていると、築地方向からやって来た前月接触したソ連人に合い、三原橋付近に停めてあったUSSRナンバーの黒塗フォードに乗せられて目黒の元競馬場前まで送られた。途中、「この次は来月の十五日同じ時間に同じ場所を二〜三回往復して下さいわれわれは車の中からあなたの安全性（平島を監視している者がいるかどうか）を見届けます。そして次の月の十五日に会いましょう」と次回の連絡方法を指定した。この時に平島は、一〇〇円古紙幣九〇枚計九千円入り紙包を支給された。昭和二十四年一月十五日午後三時歌舞伎座前に行き現場付近を三度往復。前回来た男はUSSRのナンバーのついた自動車で歌舞伎座横に駐車していたが、何れかに立ち去っていった。

平島は昭和二十四年一月末日午後十時ごろ自宅に米軍人二世（氏名不詳）の訪問をうけた。その二世は平島を誘って外出し、ジープでキャノン機関に同行する途中ソ連代表部前にさしかかると、平島に対し同代表部に出入りの有無を確認した。キャノン機関に連行された平島は、ソ連代表部員全員の写真から連絡者を抽出するよう求められたが見出すことはできなかった。（注記▼囮《おとり》役になり）その後二月、三月、四月の各十五日午後三時に歌舞伎座前に行って連絡者を待ったが現れず、他の方法による連絡もなかった。情報を提供するまでに至らないうちにソ連側から連絡を切られた。

平島は後年、ワシントン在住の日本人記者が取材したラストボロフ事件についてのNHK特別番組に出演している。

［22］　暗号名ブラバー

朝枝繁春は大本営参謀本部付陸軍中佐で昭和二十年八月十九日ソ連軍によって逮捕抑留された。彼はソ連側から数回取り調べを受けているうちソ連側の意図を察し帰国したい一心から諜報誓約を行ない、帰国の合図、埋没などの訓練を受けて昭和二十四年八月七日引揚げた。

引揚げ直後、教育されたとおり東京・世田谷の松陰神社の石燈籠に記号を書き、同月十二日には都内の墓場から五万円を掘り出し、昭和二十七年五月十九日、日本橋の〃丸善〃二階で見知らぬソ連人から次回連絡についての指示をうけたがその後の連絡は行われなかった。

身分関係については次の通りである。①本籍　福岡県門司市大黒五三八九　②住所歴　年月不明　東京都世田谷区北沢二―一七四　③学歴　昭四・三　福岡県立門司中学校卒業　④軍歴　昭九陸軍士官学校卒業(四五期)　昭一一・三　陸軍士官参謀将校学校　昭一三・四　陸軍大学校入校　昭一四・一〇　同校卒業　昭一六。二　陸軍省軍務課　昭一六・一一　陸軍少佐任官　昭一七・七　関東軍参謀　昭一九・二　関東軍司令部第二課配属対ソ作戦担当　昭二〇・七　陸軍中佐任官、大本営参謀　⑤抑留歴　昭二〇・八　ソ連に抑留　昭二〇・九　ハバロフスク北方アムール河畔の収容所　昭二〇・一一　ハバロフスク収容所第一五分所　昭二一・二　ピラカン将校収容所　昭二一・二　ハバロフスク収容所第二〇分所　昭二一・一〇　ハバロフスク第四五特別収容所　昭二四・二　ハバロフスク収容所第一三分所　昭二四・四　ハバロフスク収容所第一四分所　昭二四・八　舞鶴引揚げ。⑥職歴　昭二四・一〇　大公貿易株式会社(販売係)入社　昭二五・五　八雲物産株式会社入社　昭二五。一一　北工業株式会社入社　昭二八・二　(株)富士精材製作所社長　昭二八・四　東京丸一商

事株式会社（貿易部）入社　⑦妻と長男、次男の三人家族。

＊

ラストボロフの供述は、「暗号名〝ブラバー〟（アサエダ・シゲハル）はモスクワにおいて獲得された日本軍人で、彼は一九五二年（昭二十七）に教育されソ連から二万円を受け取ったのち姿を消した。以後〝ブラバー〟との連絡は断たれた。（追加供述）〝ブラバー〟が昭和二十七年ごろ友人と一緒かあるいは一人で貸間に住んでいた時、サベリェフは〝ブラバー〟の住所を見つけ出し彼の郵便箱に一万円と短い手紙を投げ込んだ。しかし、その手紙の返事はなかった。そこでサベリェフとクリニッチンは彼の住居をたずねたが、〝ブラバー〟はどこかに転居して不明であり、それ以降の連絡は行われていない」とするものであった。

そのラストボロフ供述に基いて捜査中、米軍から朝枝繁春の関係資料が送付されてきた。この資料により、朝枝の抑留中の対ソ諜報誓約状況、ソ連諜報機関と連絡した状況について詳細が明らかになった。警視庁では朝枝の人定ならびに身分関係などの基礎捜査と容疑事実に対する捜査を実施した。

（1）誓約状況　朝枝は昭和二十一年十月十二日、大四五特別収容所（将校収容所）に移され、昭和二十四年二月まで将官待遇でロシア語、英語、中国語、数学、物理学、歴史、共産党の研究調査に従事した。この間、朝枝は数回にわたり細菌戦術、対ソ諜報活動、朝枝の履歴について尋問された。朝枝はソ連側が自分に対しソ連領内で細菌作戦を実施し、スパイを使って諜報活動に従事したというでたらめな罪名をきせ長期抑留を狙っているものと推測し危険を感じたので、ソ連人を騙して共産党員になりすますことに決意し、まず将官収容所から普通収容所への転入を願い出た。その結果、昭和二十四年二月八日第一三分所に移され、昭和二十四年三月十四日まで重労働に服したが、カモフラージュのため民主化運動に対しても同調態度を示した。その間、朝枝は二回にわたりソ連情報本部のキリロフ中佐から取り調べを受けた。その時中佐は朝枝に対し、帰国後ソ連のために活動するよう要請した。朝枝はもし中佐の申し出を拒否した場合は、帰国はおろか収容所内でどんな仕打ちをうけるかもしれないと恐ろしくなり、帰国したい一心でソ連側の申し入れを承諾した。

(2)誓約後の諜報訓練　朝枝は誓約後昭和二十四年三月十四日キリロフ中佐により、南樺太豊原のソ連極東情報本部に連行され、三月十八日から四月十三日の間に政治思想の改造教育をうけたほか、○諜報活動方法○機密情報を無電で送るときに用いる暗号○東京における無電操作補助者との連絡方法○秘密通信の隠匿および連絡場所○必要があって無電技師と連絡する場合の新聞広告、郵便による通信方法などについても教育訓練をうけた。

政治訓練は四日間で、ザカロフ情報本部長とキリロフ中佐、クルクチョフにより行なわれた。訓練の目的は、朝枝の思想傾向を是正して世界情勢の分析し、同時にソ連側の思想を朝枝に植え込むことにあった。教養は主として○世界情勢とソ連外交政策○極東情勢と米国の極東政策○日本の政治情勢であった。そしてザカロフ本部長は朝枝に「帰国したら」米国の高名な宣伝に惑わされない ように」と繰り返し注意を与えた。通信方法訓練は三日間で、慎重なる訓練が行なわれたが、朝枝の意見が多分に尊重された。

暗号訓練は、転換表により暗号化した五桁数字を加算する仕組みで、解読は難しく通常人なら七日を要するのに朝枝は暗号経験があったため、十四時間で修了することができた。秘密インキの技術は一日間で、硝酸銀と定着曹達を使用するものであった。写真技術の訓練は二日間で露出した陰画をアセトンで処理抹消し秘密裡に送る方法であった。戦史の研究が九日間あり、予定日数が余ったので、ザカロフは「太平洋作戦における諸島の防衛措置」を講義した。

(3)帰国後の連絡方法について、次のとおり教育を受けた。

①帰国直後、東京都世田谷区若林の松陰神社の石燈ろうに黒色クレヨンで〝フ〟と書くこと。

②故郷の九州から東京に帰り次第石燈ろう(前記のもの)に〝へ〟と書くこと。

③任務遂行の準備ができたときは石燈ろう(前記のもの)に〝テ〟と書くこと。

④その後で東京都港区の古川橋の近くにある墓場で五万円を掘り出し、近況をレポートにして埋めておくこと。

⑤予定通り復員局に就職できた場合、できなかった場合、連絡を直接必要とする場合の三とおりの新聞広告を昭和二十四年十月一日から同月十日までの間(連絡を必要とする場合は一カ月間)、読売新聞に広告を載せること。

⑥昭和二十四年十月十日東京都墨田区の隅田公園に近い牛島神社の境内に、無電技師との連絡がほしいと書いたレポートを埋めること。

⑦昭和二十五年二月の第二日曜日午前十一時三十分牛島神社境内で無電技師に会うこと。無電技師は左手に白の風呂敷包みを持っている。朝枝は右手に書籍二冊を入れた黒色の包を持ってくること。そして合言葉は「あなたは呉さんですか」と無電技師が尋ねる。そこで君(朝枝)は「いいえ、しかし前に上川に住んだことがあります」と答え、互に確認しあったのち将来の連絡方法について話し合うこと。なお、当日連絡できない場合は、同月の第四日曜日、その日も駄目な場合は、翌日月曜日に連絡すること。時間と場所は前の通りとする。

⑧東京での無電技師との連絡に失敗した場合は青森市内のトケチ神社(注記▼神社の特定困難)で会うこと。時期は昭和二十五年三月の第一または第四日曜日。失敗した場合は、翌日の月曜日の正午。合言葉は前のとおり。

⑨昭和二十五年以降五月の十日二十日の午後八時君は眼鏡をかけて黒色風呂敷包を所持し、東京港区の古川橋都電停留所において豊原からの特派員と会うこと。この時の特派員は貧しい身なりをしており「上野へはどう行きますか」と尋ねるから、君(朝枝)は「東京へ来たばかりでよく知りません。けれども芝公園なら知っています」と答えなさい。すると特派員は「芝公園でよいのです」といいます。以上、合言葉による相互の確認ができたら二人で芝行きの都電に乗り適当なところまで行って連絡を開始すること。また、この特派員については要請があれば必要に応じて派遣します。

⑩ソ連人と会う必要ができた場合、牛島神社境内に十センチメートルの深さに通信文を埋め、その上に○印を記した石を置いておくこと。当方で通信文を掘出した時には、○に横線を引いて印としておく。

⑪全ての通信文は暗号に組み重要文書は写真撮影しフィルムをアセトン処理して送ること。無電による報告は毎月一回ないし二回行なうこと。手紙は硝酸銀と定着曹達で作った秘密インキを使用し、日本名藤井武彦、ソ連名イワノビッチ・アレキサンドルの仮名を使用すること。火急な場合は四谷郵便局止藤井武雄宛、林太郎発信の郵便物を郵送する。

＊

朝枝は帰国直後、世田谷の松陰神社の石燈ろうに合図を書いた。昭和二十四年八月十二日東京港区の古川橋近くの墓場に行き二時間かかって埋没場所を探し当て密封缶入りの五万円を掘り出し、情況を記入したレポートを埋めた。この五万円を包んでいた新聞紙は昭和二十三年十一月三十日付であった。

朝枝は昭和二十四年十月十日、東京墨田区にある牛島神社境内に行き、無電技師との連絡を希望することを書いたレポートを埋めた。そしてその後数回確認に行ったがレポートは埋めたままになっていた。また、昭和二十七年四月一日、古川橋近くの墓場で通信文一通を掘り出したが、朝枝はこの暗号文が解けなかった。昭和二十七年五月十九日、ソ連人から架電があり、朝枝は電話で指定された日本橋〝丸善〟二階にその直後行きソ連人と会った。ソ連人は初めて会う人で自らは名を告げず、朝枝を確認したのち「六月二十八日午後八時北沢八幡神社に来るよう」指示した。指示されたとおり八幡神社に出向いたがソ連側の連絡がなく、その後連絡は行われていない。

朝枝は、昭和三十七年十月二十六日、神奈川県川崎市生田二〇三四―四六に転居し、昭和三十七年六月から東京木下商店営業部長になったが、昭和四十一年七月、新宿区南元町八所在のパシフィック・コンサルタント海外事業部に転職し、同社の企画部長になる。

米国国立公文書館には朝枝についてのファイルが残されている。その表現ぶりから、米ソの二重スパイであったと断定する向きもある。朝枝は、インドネシアとの利権に関与した木下商店や朝鮮半島から東南アジア一帯にかけての土木工事に関係したパシフィック・コンサルタントの要職を勤めた。米国情報機関は、東南アジアにおける日本の海外活動に注目していたことが窺える。朝枝も平島同様、前述のNHK番組に出演している。

〔23〕　淡徳三郎

「総括」に掲載されている二十六番目の人物が淡徳三郎である。「総括」には三頁の記述しかないが、概要は次のとおりである。淡は三・一五事件(昭和三年、第一次日共党員一斉検挙)、昭和九年治安維持法違反として逮捕された日本共産党員で、戦後メーデー事件の特別弁護人、日ソ親善協会（日ソ協会と後に改称）理事などを歴任してきたが、ラストボロフ供述によれば、〝ダン〟は大山郁夫の秘書で、ソ連諜報活動員としてノセンコ三等書記官（MVD大佐）に指揮されていた。

身分関係は、①本籍　大阪市西区北堀江上通り四〜三　②別名　馬込健之助、阿波美津雄、京藤信三　③東京都杉並区永福町三〇四　④学歴　大一二・三　京都帝国大学法学部卒業　⑤職業歴　著述業、日本文学学校講師　⑥活動歴○大正十三年夏、大阪市電の争議に際し京大社会科学研究会を代表して同会主催の批判演説会に出席、大阪市電罷業に対する官憲の態度を攻撃した。○大正十五年一月二十五日京大社研を代表して、中国、九州地方へ講演旅行し軍事教育反対の宣伝ビラを配布、かつ反対運動を行なった。○三・一五事件（昭和三年、第一次日共党員一斉検挙）に関係して投獄される。○昭和二十七年九月日共統一候補として東京三区より衆議院議員選挙に出馬したが得票一六、五〇〇票で落選した。○昭和二十八年一月二十二日東京渋谷公会堂において開催された〝鹿地事件と人権擁護の夕〟に出席して、「われわれは鹿地、山田らの英雄を守る義務がある。あらゆる力を合わせてこれを保護して行かなければならない」と演説した。⑦団体歴　○メーデー事件特別弁護人○昭二九・一二・一六アジア諸国会議日本準備会事務主任、人民文学編集委員、民主主義科学者協会評議員、日ソ親善協会（後に日ソ協会）理事、日本アジア連帯委員会事務局長○昭三六・二・一四　日本北アフリカ協会事務局長　昭三九・五・一一　アルマータ友の会会員○昭四〇・一一・一五日ソ友の会賛同者　⑧犯罪歴　昭三・三・一五　第一次日共党員一斉検挙により逮捕さる。昭九年昭九・六・九　治安維持法違反で逮捕される。⑧犯罪歴としては、昭三・三・一五（懲役二年、執行猶予五年）⑨家族　妻、長女、二女。

「総括」にはなぜか、淡徳三郎が一九三五年、皆川治広の開設した思想犯保護団体大孝塾の特派員としてフランスに渡ったことや戦後ソ連に抑留され、昭和二十三年に帰国したことは記述されていない。また、著述業と記録していても著書や訳業の成果には言及していない。例えば、クラウゼヴィッツの戦争論の翻訳者としては馬込健之助のペンネームを使っていることにも無関心である。

米国国立文書館には、淡徳三郎についてのファイルがあり、そこには、日本の警視庁がラストボロフ事件に関し、淡徳三郎について捜査しようとしていない、その理由は淡が公然の日共党員であることがあげられているという。

米国の情報機関は、淡が抑留から帰国した昭和二十三年八月十二日の一週間後の三十日から、監視を開始しており、私信の検閲を行った記録があるという。淡徳三郎の著作（時事通信社『三つの敗戦』と青木書店『増刊平和　朝鮮戦争の真相』）二冊の現物と英訳とが保存されているのは、米国の関心が極東でのコミンフォルムの動きを探ることにあったからと考えられる。

［24］　都倉栄二氏

「総括」に記載された二十七番目の人物が、都倉栄二氏である。まず、生年月日が大正四年一月二十七日生、当時の職業が外務省管理局第五課とあり、概要が纏められている。「都倉氏は東京外国語学校露語部を中退、外務書記生試験に合格して昭和九年四月外務省に入った。昭和二十六年銅賞管理局第五課に在籍していたところパーティ席上などでクリニッチン二等書記官から対ソ協力を要請されたがこれを拒否した」と記録されている。興味深いのは、他の人物名は呼び捨てにされているのであるが、「都倉氏」と「氏」の敬称をつけて記録されていることである。

「総括」に書かれた身分関係は次のとおり。①本籍　神奈川県川崎市馬絹一三九〇　②学歴　昭九・三　東京外国語学校（露語部）中退　③職歴　昭九　外務書記生試験合格　昭九・四　樺太アレキサンドロフスク・サハリンスキー領事館勤務　昭一一・五　ウラジオストック領事館勤務　昭一五・一〇　外務省欧亜局第一課勤務　昭一五・一二　休職　昭一六・一〇　復職（欧亜局第一課）昭一七・一〇　在ドイツ大使館勤務　昭一八・七　在フィンランド大使館勤務（官補）昭二〇・八ウラジオストック領事　ハバロフスク第一一収容所　昭二二・一二　外務省管理局第五課勤務　昭三〇・七　在ドイツ大使館二等書記官　昭三四・一〇　外務省東欧課長　④家族　妻と長男、二男、三男が記載されている。ラストボロフの供述は次のとおりである。

「暗号名〝サトウ〟は日本外務省対ソ調査局に現在働いている。〝サトウ〟は終戦時ウラジオストックに在った日本領事館に勤務していた。一九五一年（昭二十六）クリニッチンは〝サトウ〟に対しソ連に協力するよう働きかけたが〝サトウ〟は拒否した。後日〝サトウ〟が出席したパーティで私はクリニッチンと共に再度働きかけたが〝サトウ〟は拒絶した。〝サトウ〟に対する働きかけはこれ以降行われていないと思う」

捜査経過と題して「捜査の結果、〝サトウ〟は外務省東欧課長都倉栄二氏であることが推定された」と簡単に書かれ、ここでも都倉栄二「氏」と敬称がつけられ、「推定」されたと慎重な記載となっている。都倉栄二氏の略歴は、むしろネット上のウィキペディアに、「総括」よりもより詳細に記載されている。引用すると次のとおりである。

「東京府出身。旧制東京府立第八中学校（現東京都立小山台高等学校）を経て、ロシア文学に惹かれて東京外国語学校（現東京外国語大学）露語科に進み、一九三三年に卒業。ソ連の知識を買われて恩師に外務省入りを勧められ、一九三四年、外務省入省。ハイデルベルク大学留学、在ドイツ日本国大使館在勤を経て、一九三六年、ウラジオストクの駐ソ日本領事館に勤務。一九四一年十月、高等文官試験外交科（外交官及領事館試験）に合格しキャリア外交官となる。第二次大戦中はドイツとフィンランドでソ連情勢の分析に携わる。一九四五年一月、満洲国大使館に赴任。大将山田乙三の秘書官となる。満洲国瓦解に伴いソ連軍に連行され、シベリア抑留を経験。一九四七年に引き揚げて外務省に復帰。ソ連通として日ソ国交正常化交渉に参加。外務省欧米局第五課勤務、外務省欧亜局東欧課長を経て、一九六七年内閣調査室次長。一九七〇年、特命全権大使としてイスラエルに赴任。一九七二年のロッド空港事件では涙を流しながらイスラエル国民への謝罪文を読み上げ、日本とイスラエルの断交を回避した。この時期から胃潰瘍を患う。一九七三年、ハンガリー大使に転任。ハンガリーでは長男俊一の結婚式を盛大に行う。駐スウェーデン兼アイスランド特命全権大使を経て、一九七八年、外務省を退官。一九七九年、妻・久子に先立たれて一人暮らしとなる。財団法人世界の動き社理事長、社団法人国際交流サービス協会会長。一九九七年、外務省の外郭団体の仕事で出かけたアイスランドで転んで鎖骨を骨折。晩年は入退院を繰り返し、二〇〇〇年に癌で死去した。ロッド空港事件後洗礼を受け、東京府中のカトリック墓地に眠る」

＊

三田和夫著『赤い広場――霞ヶ関』には、都倉栄二氏について二カ所に次のような記載がある。

「昭和十一年東京の外語卒業の通訳生、都倉栄二氏もまた軍事俘虜として、欧露エラブカの収容所に送られたのは無理もないことである。ラストヴォロフ氏はその自供の中で、係官に対して、この都倉氏の名前をあげた。しかし、さきに述べた通り彼の場合は、ラ自供の額面通りに受取るならば、彼にとって極めて有利であった。つまり、ラ氏はシベリヤでの『幻兵団』誓約に従って、都倉氏に東京での約束を果してもらうべく、しばしば彼を訪れ、誓約の実行を迫ったのであった。誘惑もしようとしたのだったが、彼はどうしてもスパイとして働らくことを肯じなかった、という自供内容であった」

「ことほどさように、一度でもソ連の地を踏んだことのある外交官、記者、会社員などで、ソ連に対する忠誠を誓わせられなかったということは、極めてまれなことなのである。全権団随員という、栄えある立場にある都倉氏に対しては、誠に申訳ない限りであるが、同氏もまたその例外ではなかったのであろう。ともかくラストヴォロフの供述として『山本調書』に氏の姓名が記されていることは、事実なのであるから。つまり、私が志位対吉野の関係で、日暮対庄司を想い浮べ、また都倉氏を想い出したというのは、同氏に関するラストヴォロフの告白が、同氏を全く評価していないからであるのだ。ラ氏によれば、彼は東京で都倉氏に連絡をつけたのだったが、都倉氏は全くこれに応じなかったというのである。これは日暮氏が反共理論家として有名な存在であったのと同様に、省内外に聞こえた〝右翼〟である都倉氏にとって、極めて有利なラストヴォロフの供述である。もちろん、ラ氏が都倉氏を評価しなかったという供述があったればこそ、外務省当局もまた、氏を、全権団随員の一人に加えたのでもあろう。これは、都倉氏にとって名誉なことである。また、練達の外交官であり、一つの科学にさえなっているソ連秘密機関の誘惑術をも、敢然と拒み通した同氏が、多難の日ソ交渉に力をいたすことに大いに、期待するものである」（九六―九七頁）とある。

昭和三十年六月六日、衆議院で小坂善太郎議員が重光外相に対して行った「日ソ交渉の要員に色がついた者がいないか」との国会質疑について、都下の日刊紙では、読売にしか出ていなかった、小さな記事がある。六月十日付の同紙の一面、見落してしまいそうな記事である。全権委随員に大鷹氏日ソ交渉の全権委員随員都倉栄二氏の、西独ボン日本大使館転任にともない、政府は九日の次官会議で、ロンドン大使館外交官補大鷹正氏を後任にあてることに決めた。全権随員を免ぜられた都倉氏こそ、さきに述べた「山本調書」に登場している「都倉栄二」その人である。都倉氏が小坂質問の日に随員を免ぜられた、ということになると、話は極めて奇妙なものになってくる。(一七四―一七五頁)とある。その国会質疑の直後に、都倉氏が全権団随員から外され、急遽、在独大使館に配転されたことは、不可解な人事ではあった。

＊

都倉氏は、『外交官の決断――一万五千日の現場秘史』と題する回想録を一九九五年に講談社から出版している。その回想録には、日ソ交渉の随員から西ドイツのボンに転勤になった経緯が、さらりと記述されている。

「さて、話はロンドン交渉の場に戻るが、領土問題と並んで、シベリア抑留体験者としてもう一つ、私が重要視していたのは、ソ連の無法のもとに犠牲となった数万の同胞に対して正式に謝罪させることであった。私は、自分なりにこれが、ソ連との国交正常化への大事な事件であると考えていた。事実、松本全権代表にも切ない思いでじかにお話ししたことがあった。だが、松本さんは大人の論理で私に説かれた。『それを全面に押し出して相手の態度を硬化させることは、策を得たものではないと思う。いまは、与えられた命題を重視し、全力をあげよう。君の気持ちはわかるけど、機を見てやっていこうじゃないか』松本さんからそう言われたのでは納得せざるを得ず、不本意ながらも引き下がったが、いまでもこの思いは変わっていない。領土問題で暗礁に乗り上げた日ソ国交正常化交渉の膠着状態は、当分解ける見通しもなく、全権団は開店休業というありさまになった。随員も最小限に限られ、何人かの人が帰国していった。そして、まもなく私にも『駐独日本大使館勤務』の辞令が下り、心残りながらも短期間の随員生活を終え、ロンドンより直接、西ドイツのボンに赴任することになった」(『外交官の決断』一七二―一七三頁)と経緯を書き記している。

とまれ、満洲国の最後と題する第四章、シベリア抑留生活と題する第五章は、都倉栄二氏が、満洲国の首都・新京に開設した日本大使館(大使はときの関東軍総司令官山田乙三大将が兼任)に大使秘書官として赴任して以来、ソ連の参戦から、シベリア抑留に至り帰国するまでの体験を詳述している。ソ連抑留の苦難の体験を詳述して読者を圧倒する内容の回想録である。ソ連による不当な尋問と拷問との小見出しの記述があるが、一貫してソ連の国家的犯罪を糾明するものであり、都倉氏が、ソ連側に迎合した気配は全くない。

諜報活動華やかなりしベルリンにおいて、仕組まれた罠であったかもしれないと、東ベルリンからの脱走を幇助してほしいと頼まれて、「理を尽くして依頼を断った」ことについて触れ、とある事件を想起している。

「一九三〇年代の半ばごろ、日本のモスクワ大使館に勤務するある書記官が、ロシアの若い娘とねんごろな仲になってしまった。あるとき、娘は国外脱出を願って、彼に連れ出してほしいと哀願した。娘の情熱にほだされた彼は、ついに彼女を国外に連れ出す決意をした。しかし、国境は遠く、車のトランクにひそむというような手軽なわけにはいかない。二人はいろいろと工夫をこらし、彼女の積極的な意見も採り入れた。それは木製の大型梱包のなかに飲料水や食料とともに彼女をかくまうことであった。彼は意を決し、万端の準備をととのえ、自分の携行荷物として列車に積み込み、ポーランド国境に、向かった。いよいよ国境を越す段になって、官憲の検問がはじまった。原則として、外交官の荷物は特権に護られ、開封されることはない。しかし、係の兵隊たちはとくに彼の大型梱包に目をつけた。彼らのやり方は狡猾だった。貨車の積み替えを命じると、わざと手荒に扱い、上下を逆さまにしたり、壊れぬ程度に落としたりした。彼女は懸命に耐えたが、あまりの執拗さに、思わず呻き声をあげた。そうなっては逃れるすべはなかった。外交官特権にも限度がある。官憲の要請に応じて梱包を解かざるを得なくなり、逃避行はあえなく白日の下に晒され、悲劇に終わってしまったのである。当時、外務省のなかでも戒めとして語られ、その後も口伝えに伝えられて注意を受けたものであった。ソ連関係の仕事に長年たずさわった者として、私の脳裏にもこの先例は深く刻み込まれていた」

だから、都倉氏は、ベルリンのマダムからの切々たる訴え（時折思い出す不可解な出来事）を心を鬼にしてきっぱりと断ったのだ。

*

都倉栄二氏は、一九七〇年十二月に駐イスラエル特命全権大使に任じられ、翌年一月に赴任する。

ゴルダ・メイヤー女史が首相の時である。テルアビブ・ロッド空港でおきた日本赤軍による惨劇の当日、一九七二年五月三十日は、都倉大使夫妻の二十七回目の結婚記念日であった。事件発生の六時間後に、東京からの訓令を待たずに、テレビで謝罪したことの詳細を記載している。

「七〇年の三月に、よど号ハイジャック事件、ロッド空港での惨劇の三カ月後には、浅間山荘事件が発生している。岡本の父親から、日本人の弁護士をつけられるよう、大使のご尽力をお願いするとの電話があったとする。回想録のなかで、ラストボロフ事件と関連する可能性のある唯一の記述だ。(岡本公三の父親からの電話があって)若干の日が経ち、日本弁護士会から岡本公三の裁判のために一人の弁護士がイスラエルに派遣されることになった。その人は、奇しくも私の旧制八中時代(現・小山台高校)の二年先輩で、よく知っている庄司宏氏であった。庄司氏を法廷に出席させるべきか否かについて、イスラエルの閣議は賛否両論に分かれ、最終的にはメイヤー首相が断を下した。それは、『かかる極悪非道の犯罪に外国の弁護士をつけるわけにはいかない』とするものであった。庄司氏は目的を達することができず、テルアビブの空港で入国を拒否され、そのまま退去を命ぜられてしまった。私としては、旧知の庄司氏のイスラエル来訪であるだけに心中まことに複雑なものがあったが、メイヤー首相の決断を虚心に受け入れることにした。岡本公三は結果的には十三年間、服役した。そして、一九八五年、レバノンとイスレエルが交戦した際、捕虜交換が行われ、その一環として、岡本はレバノンに釈放されていったのである。一方、あの夜、わざわざ東京の拙宅に電話をしてきた岡本の年老いた哀れな父親は、今どうしているのだろうか」

庄司氏とは、証拠不十分で無罪になったが、ラストボロフ事件で訴追された庄司宏であったのだ。庄司宏がソ連の手先であったことには疑いがない。哀れな電話といい、庄司宏が日本弁護士会から起用されるといい、偶然とは思えない。

回想録のなかに不思議な話が書かれている。それは、都倉氏の久子夫人が、ソ連が参戦して二日後に新京を脱出して平壌にたどり着いたときに、ソ連の将校が訪ねてきて、久子夫人の両親のいる大連に連れていかれたことである。両親の大連の家がソ連に接収されて司令官の官邸になっていて、司令官が久子夫人を救出する約束をしたから、その配下が平壌まで迎えに来て、鎮南浦から大連の埠頭に、高速艇で六時間を切る速さで送り届けたとの話である。

＊

ラストボロフが供述したように、都倉栄二氏に、ソ連諜報組織が接近、誘惑・説得した可能性はあるが、都倉氏が、頑健に拒否したこともまた事実であろう。ベルリンでの罠が仕掛けられたような事件や、テルアビブ空港乱射事件に日本人弁護士として参加しようとした人物が、ラストボロフの手先であった外務省出身の旧知の活動家であったことも、偶然の出来事とは考えられない。

庄司宏が慈恵医大病院に入院していた時のエピソードで、「いつもダンディな紳士の彼が、病床から起きあがらんばかりに『外務省にミサイルを撃て』と叫んでいたとき。そうだ、外務省からとんでもないめに逢わされたのだ。同僚も自殺したとか、有名なラストボロフ事件」と、庄司の夫人を追悼する一文がネットに残る。庄司が、旧知の都倉氏が駐イスラエル大使の任にあることを見越して、外務省に「ミサイルを撃つ」べくテロリストの弁護人を志望した可能性はある。都倉氏は、旧制中学最上級生の時、河上肇の『第二貧乏物語』に感激して何度も読み返して兄と友人と論じ合ったことを、「そんななかで、社会主義というものにも若干の理解を持つようになった」と書き、(『外交官の決断』二九頁)。「満洲国(現・中国東北部)は形の上では独立国であったが、当時の日本の軍部がつくり上げた、俗に言う傀儡国家であった」と直裁だ。

回想録は、テルアビブ事件の余波と小見出しをつけ、事件の三カ月後くらいから、久子夫人の健康が悪化したとして、都倉氏がカトリックの教えに改宗する決意に言及する。「時移り、テルアビブの地で同胞の心ない若者たちの手によって尊い幾多の生命が失われたことを考え、言い知れぬ悩みに身をまかすうちに、自分自身に対する贖罪の念も込めて、何らかけじめをつけたいという気持ちが私の心に盛り上がっていた」として、イタリア大使の立会いの下受洗する。「贖罪の念」とは何か。「いろいろなことがあったが、私は無事に帰国することができた。しかし、何十万の同胞は、その後も塗炭の苦しみを味わわされたのである。のちの発表によれば、ソ連に抑留された日本人は実に六十数万人に達し、うち六万人の貴い生命が失われている。これこそソ連の国家的犯罪でなくてなんであろうか。私は断固究明したい。いや、これまでも声を大にして言い続けてきた。今後もそれは決して変えることはない」と憤怒を隠さない(『外交官の決断』一五八頁)。

う。テルアビブ事件は、都倉氏への落とし前、報復だった可能性はないだろうか。

都倉氏夫妻には、満洲とシベリアで「いろいろなことがあった」が、帰国後、徹底してソ連に抗

[25] 花井京之助

花井京之助は元陸軍大佐。最終の軍歴は関東軍防衛築城部長で戦後ソ連に抑留された。昭和二十四年十二月五日ナホトカから引揚げ。昭和二十六年六月十日自宅にクリニッチンソ連代表部員の訪問を受けて諜報協力をするよう働きかけられたが、拒否する。新々工業株式会社取締役宇社長が昭和三十六年二月当時の職業。本籍は東京都杉並区阿佐谷五―八四。帰国後は中野区大和町や杉並区馬橋四―五二六に居住している。陸軍士官学校を大正九年五月に卒業(三十二期)して、昭和五年に陸軍大学校を卒業、直ちに陸軍参謀本部員になるエリートコースの人物であった。昭和十年には上海駐在武官、同年十二月にはケンタッキー大学に留学して、昭和十一年四月には在アメリカ大使館武官補に就任している。昭和十五年十二月に南支派遣軍参謀、公平学校教官、シンガポール燃料廠課長を経て、昭和十八年九月には関東軍総務課長に就任している。

抑留歴は、昭和二十一年八月には、ソ連エラブカ九七～A、九七～B捕虜キャンプ部長、昭和二十三年八月ハバロフスク掘るよ収容所第一四分所に収容されるが、高血圧のためにホール第一八九三病院に入院している。昭和二十四年は、六月ハバロフスク収容所大一六分所、第一三分所

と転所して、昭和二十一年十一月ナホトカを出航して十二月に引揚げている。家族構成は、妻と男子二人、女子二人であった。

ラストボロフの供述は次の通りである。「ハナイ大佐はソ連において日本人戦犯収容所の主席であった。彼はクリニッチンと日本で接触したが、協力することを拒否した。彼はアメリカの将校によって調べられたということをソ連人に報告した。ハナイ大佐は木の塀で囲まれた大きな三階建の家の近くに住んでいる。彼は一九四年(昭二十一)七月から一九四八年(昭二十三)までエラブカ戦犯収容所の主席をしていた。そして一九四九年(昭二十四)十二月帰国直後、アメリカ当局にソ連における行動の一切を報告した。彼は帰国直後東京都中野区大和町一九二に住んでいた。公安当局は、昭和二十九年月二十一日から二十四日まで捜査して、ラストボロフ供述のハナイ大佐が、杉並区馬橋に住む花井京之助であるとして、昭和三十六年二月八日警視庁公安第三課員が、自宅において折り調べたところ、花井はソ連に対する誓約事実はないと答え、さらに昭和二十六年六月十日日曜日自宅にソ連人の訪問をうけ、そのソ連人から大和町に住まずに馬橋に住んでいるのは身を隠すためかと質問をうけたほか、復員局に入って情報を出す約束をしたのにどうしたのだと聞かれたが、ソ連に対する協力は拒否した」と語った。

昭和三十九年八月一日に死亡した。

[26] 正木五郎ほかとコチェリニコフ

「総括」には、ラストボロフ事件捜査中に判明した対ソ誓約者についての記録が列挙されている。正木五郎、細川直知、古沢洋左、郡菊夫、斎藤金弥、柳田秀隆、吉川猛、深井英一、である。斎藤金弥は、東京帝国大学での内務官僚で、樺太庁に在勤中、逮捕抑留された文官である。昭和二十八年には三重県教育長に就任していた。他は軍人である。

正木は陸軍少将(満洲軍第一方面軍経理部長)であるが、いわゆる経理少将であった。細川直知は陸軍中佐(第三軍参謀長)、古沢洋左は陸軍主計中尉、郡菊夫は満洲州第三四五分遣隊員(露語要員)、柳田秀隆は陸軍軍医。吉川猛は陸士、陸大を卒業し、陸軍大佐として第三〇軍高級参謀。深井英一は満洲国新京所在第二空軍司令部参謀陸軍中佐であった。

このうち、文官であった斎藤金弥については、米国からの通報により日本側当局は察知したのであるが、「斎藤の社会的地位を考慮して、昭和三十年六月二十五日三重県警察会館において山本公安第三課長が赴いて取り調べた結果、斎藤から信頼できる内容の供述を得た、すなわち、諜報誓約は行なったが、引揚後ソ連と連絡は取らなかったということである」。柳田秀隆は、抑留中取り調べをうけたとき収容者の動静を密告することを強要されて誓約し、以後特務機関、憲兵、警察の経歴者を密告していたが、昭和二十三年ラストボロフに諜報誓約して同年九月に引揚げた。本籍地の鹿児島県下に帰国して、昭和二十四年三月姫路市に移って医師を開業した。引揚げ直後東京丸ノ内において米軍の取り調べを受けて、滞ソ抑留中の誓約事実を明らかにしたためかソ連側の連絡はなかった。吉川猛も米側からの通報により、昭和二十三年十二月十日および十六日の両日に渡って警視庁に任意出頭を求めて取り調べたところ、対ソ誓約の事実は認めたが、日本に引揚げ後のソ連機関員との連絡および協力関係に就いては否認した、とする。深井英一は「ソ連政治将校に政治、経済、軍事の情報を収集してソ連に協力することを誓約させられ、昭和二十三年七月八日帰国したが協力した事実は認められない」とある。

このように「総括」には、対ソ誓約はあったが、実際に協力した事実は認められない人物についても言及している。

*

正木五郎は、終戦と同時にソ連軍の捕虜となり、約三年六カ月の抑留生活を送った。この間、彼は収容所内の元同僚の会話や思想などをソ連側に密告する情報提供者として働き、さらに帰国後も引続きソ連のために協力することを誓約して昭和二十四年二月ウゴーリチャ飛行場から空路羽田へ引揚げてきた。そして、昭和二十四年十二月から同二十八年七月までの間約五六回にわたって、駐日ソ連代表部政治部顧問補佐官セルゲーフ、同グラヤンスキー、同領事部領事部長コチェリニコフの三名と都内数カ所において連絡し、在日米軍に関する情報や日本の政治、外交、防衛などの情報を提供して総額約一一三万円にのぼる報酬を得ていた。

正木の身分関係については、本籍が東京都豊島区南長崎五―三八八一で、昭和三十九年には、同区南長崎五―二〇―一八に居住していた。学歴は専修大学卒業で、大正三年に近衛第二連隊付けとなり、翌年陸軍経理学校に入校。一貫して経理畑を歩み、昭和十七年六月には、第五軍(満洲)配属となり、昭和十八年八月には経理少将に任官、昭和十九年二月には、第一方面軍経理部長(満洲)となり、終戦。ウォーロシーロフ、ハバロフスク、ナホトカの収容所に収容される。家族は、母と妻、そして昭和三十三年十月に結婚して折り合いが悪く別居している長男と、昭和三十二年に結婚して同居する次男夫婦の家族があった。

帰国後は、昭和二十五年三月に霧島研究所に就職、村上薬品株式会社の顧問に就任しているが、昭和三十一年一月に同社を退職、なんと同年四月には陸上自衛隊松戸部隊に書記(六級)として就職、昭和三十五年七月には書記から事務官に昇格して、昭和四十一年三月三十一日まで勤務している。昭和四十一年四月、雄健社(印刷会社)に入社。「かつて正木の部下であった工藤陸将補の口ききで自衛隊に勤務することになった」。陸上自衛隊松戸部隊補給処総務部厚生班では、「大先輩として隊員達から先生と呼ばれ、松戸部隊隊員の親睦団体である「松和会」の会長をつとめ、またその機関誌「需友」の編集責任者となった。

＊

正木は、ハバロフスク収容所でソ連軍将校から数回にわたる尋問を受け、「正木が元従事した第一方面軍の供給状況について詳細な報告書を提出するよう命ぜられた。正木はまた、ハバロフスクのＮＫＶＤ(内務人民委員会)に連れて行かれ、ここでその隊長から厳しい取り調べをうけた。隊長は正木が犯した戦争犯罪行為に対する責任を徹底的に追及すると同時に、一方でもしソ連に協力する気があるなら処罰を取消し、さらに帰国の時期についても考慮しようという懐柔工作を巧みに行った。当時、ソ連は日本人捕虜対策を進めるについて、日本人捕虜の動向を探る為特定の密告者を使って情報をとっていたので、正木についても収容所内の捕虜の動向を密告する情報提供者に仕立て上げることに狙いがあった。

こうしたソ連側の巧みな懐柔工作によって、正木はこのことがかっての同僚を裏切ることであるとは判っていても自分自身の安全をはかるためにはやむを得ないと思い、密告者の一員となった。(中略)昭和二十三年七月のある日、ＮＫＶＤの政治将校ジュリノフ大佐から、『日本に帰国した後もソ連のために情報活動を続けてくれないか。もしこの要求を受け入れるなら、君の日本帰国は一段と早まるだろう』との働きかけをうけた。さらに日本にいる家族に対する経済援助や正木自身の医療費についても配慮するとの条件が出された。これに対して正木は家族に対する経済援助などについては家族に疑惑を持たせる原因になると断ったが、情報を提供することについては同意し、ジュリノフ大佐の指示によって同大佐の上司であるベレンツォフ帰国後も協力を誓約する意味の手紙に提出した。ジュリノフ大佐は、その後正木の周囲の人達に対し『正木は世界平和実現のために難しい仕事をしている』と言いふらし、また正木を独房に入れたが、これは正木が同僚に怪しまれることなく落着いてスパイ教育を受けられるようにするためであった。正木は独房でジュリノフ大佐と二回会い、同大佐が上司から受取ったという指令書を渡された。その指令書には、正木が帰国した後に、ソ連側と連絡をとる際の計画や暗号などが書きこまれてあった。そして正木はその場で連絡場所の地図を書くことや連絡の合図などを具体的に決めるように命ぜられた。

また正木は自分宛の手紙を差出人『ミズタニ・ヒデオ』名で五月六日と十二月六日付で二通書くよう要求されこれを作成した。ジュリノフ大佐はこの手紙の用途について『一通は日本に帰国してから自宅に郵送されるもので、それは受取った次の八日に連絡場所に行くことを識らせる合図として使われるものである』と説明した。このあと正木は顔や全身の写真を撮られ、自宅付近の地図を書かされた。昭和二十三年九月十七日独房から解放されたが、その間石井四郎将軍（元軍医中将、細菌学権威者）およびその部隊について執拗な質問を受けた。また、他の日本人収容者の動向を報告するよう命ぜられ五日間かかって報告書を作成した。昭和二十三年十二月二十一日、正木は八人の元日本人将校と共にハバロフスク収容所を出発し、翌年二月十一日正木ら五人が氏名不詳のソ連人二名に同行されてウゴーリナャ飛行場から空路羽田に引揚げてきたたのである」

「警視庁では米軍から得た資料によって正木の諜報活動の全貌を知ったが、諸事情を勘案して直接本人を取り調べることなく、その動向を視察することにした。しかし、当時すでに正木とソ連側との連絡は絶たれていたため、その後の視察捜査からは何ら特異動向を発見するには至らなかった」。諸事情とは何だったのか。

＊

正木は引揚げ後、昭和二十四年六月から同十一月の毎月八日に目白駅近くの富士銀行支店前路上でソ連連絡員を待ったが、相手は現れなかった。同年十二月六日に、かつてジュリコフ大佐に渡した自筆の手紙が来て、十二月八日午後八時に、帰国後初めてソ連側連絡員と連絡した。ソ連代表部政治部顧問補佐官のセルゲーフ大佐であった。帰国後米軍に調べられた際の状況、正木の家族と経済状況、親戚についての報告を求められている。それから、なんと五十六回に及ぶ連絡を実行している。

同年十二月十二日、豊島区高田本町の千歳橋付近路上で、第二回目の連絡をした。

第三回目の連絡は昭和二十五年一月三日午後八時。前述の千歳橋で待っていた自動車で、麻布狸穴のソ連代表部に行った。古びた百円札で二万円と他に米ドルでセルゲーエフが渡したので、米ドルの両替は危険があるとして断り、日本円のみを受け取っている。正木の用心深さにセルゲーフは驚き、諜報手先としての正木に好感を抱いた。次回からコチェリニコフと連絡をとってもらいたいと話した。引揚げて後ソ連側と連絡をとる際の計画や暗号などが書きこまれてあった。

第四回目の連絡は、同年一月十五日午後七時、千歳橋付近路上に待っているとコチェリニコフが黒塗りのセダンで来た。正木が八〇頁の報告書を纏めて渡すと、十万円を渡して受領書にサインを求めた。

第五回目の連絡は、昭和二十五年三月八日を予定したが、会うことができず、五月八日にソ連代表部ドレグベンコが運転する車の中で連絡した。正木は「諜報活動をカムフラージュするために経理事務所を開設したい」と提案した。百円札で一万円を支給した。情報着眼点として、○在日米軍基地○吉田政府の外交指針○西独技術者が来日した事実の有無○日本国民の対ソ感情であった。

第六回目の連絡は、同年六月八日の午後八時半千歳橋付近の自動車の中で行った。正木の提案の経理事務所の偽装のための資金はモスクワからの指示が到着していないとした。古びた百円札の千円札で二万円を渡した。

第七回目の連絡は、同年同月二十五日、千歳橋付近で接触、ソ連代表部に車で連行され、第三回目の時と同じ部屋で報酬の受領書と報告書を提出した。古びた百円札で八万円を渡したが、そのうちの五万円は正木の偽装事務所資金であると説明した。次回の情報着眼は、○在日米軍の兵力○在日米軍基地の規模と装備兵器○在日米空軍に関する情報○日本の軍需工場に関する情報○日本の再軍備をめぐる元軍人の動向○警察予備隊に関する情報であった。

第八回目の連絡は、千歳橋付近で八月十五日に予定したが不発で、九月十五日午後七時にコチェリニコフと車の中で連絡した。二万円を支給したが、三カ月の活動費六万円の他、資金四万円を要求して、当初二万円は受け取らなかったが、次回要求に応えるとしたために、二万円を受け取った。

第九回目の連絡は、九月二十五日午後七時、千歳橋付近路上の自動車内で連絡して、六万円の報酬が正木に渡された。次回の情報着眼として、有末精三(陸士二十九期)、花井京之助(元陸軍大佐、ラストボロフ事件関係者)、矢部忠太(元陸軍大佐)、尾形健一(陸士三十七期)、辻政信(陸士三十六期、元陸軍大佐)、児玉誉士夫、岩畔豪雄、清水一郎(陸士三五期、元陸軍大佐)、河辺正三(陸士十九期、元陸軍中将)、土居明夫(元陸軍少将)、カマダセンイチ(元陸軍中将)の調査を指示した。

第十回目の連絡は、同じく千歳橋近くの路上にやってきた自動車に乗り込んで、ソ連代表部に連行されてコチェリニコフは、「自分はこの十一月本国へ帰るから今後は、イワノフと連絡をとるようにと正木に申し渡して、イワノフと名乗る男を紹介した(注記▼この男はイワノフではなくソ連代表部政治部顧問補佐官の蔵ヤンスキー・V・Iであった。自分が帰国するまで緊急連絡の必要があれば、電話で通報しなさいと言って、電話番号を教えて、その時は千歳橋付近で十一月の第一と第三月曜日に会うことにしたいと指示した。正木の報告書提出に対して千円札で二万五千円の報酬を与え、次回は○在日米軍の原爆保有説についてその真偽を調査するよう指示した。

第十一回目の連絡は、千歳橋付近に駐車した車の中で行った。イワノフとクラヤンスキーが来た。クラヤンスキーは、「二世の米軍人から情報を収集するときは特に注意するように」として、正木が提案していた偽装の経理事務所は不賛成であると回答した。在日米軍に関する情報は引き続き報告するよう指示した。

第十二回目の連絡は、昭和二十五年十一月二十日午後七時半千歳橋付近のクラヤンスキーの車の中で行われた。正木の報告書に対して、古びた千円札で二万五千円と外国煙草二箱を支給された。日本郵船ビルの米軍に雇用された小谷大佐二関する情報をとるように指示された。

第十三回目の連絡は、同年十二月四日午後七時、正木は前回要求された情報を車の中で渡して、朝鮮動乱における北朝鮮の有利な戦況について祝意を述べた。クラヤンスキーは、千歳橋の連絡場所が「あまり長く利用することは危険であるから、近く変更したい」と話した。

第十四回目の連絡は、同じ千歳橋付近で、小谷大佐に関する追加情報を提出して、千円札で二万五千円を受領後、文京区の護国寺付近を新たな場所として提案して、クラヤンスキーを同所に案内して同意を得た。

第十五回目の連絡は、十二月二十五日午後七時、その護国寺付近、雑司ヶ谷七〇付近にて接触した。〇元日本軍人が朝鮮戦争で活躍していることの真偽〇在日米軍の原爆保有説に関する事実調査を指示した。

第十六回目の連絡は、護国寺付近の路上で、報告書を提出すると、正木の報告は総てモスクワの本部に送られていると説明があり、〇アメリカ高級軍人の最近における来日状況を調査するようにとの指示があった。三千円が支給された。

第十七回目の連絡は、護国寺付近の路上で、前回の指示に対する報告があり、正木の字が丁寧ではないとの注意があった。報酬は千円札で三万円で、次回まで石井四郎(元陸軍中将)、竹下義晴(陸士二十三期、元陸軍中将)、田中兼五郎(陸士四十五期)、マエダクニオ、柳下良二(陸士四十五期)、杉田一次(陸士三十七期)、ミズタ・パウル(日系米人)、アラカワ・フィリップ(日系米人)を調査するよう指示した。

第十八回目の連絡は、同年二月五日午後七時、護国寺付近路上で接触、前回の報告書を渡しただけで別れた。

第十九回目の連絡は、同年二月十九日午後七時護国寺付近にて接触、前回報告の残部を提出した。日本警察の監視を警戒するようにと注意があり、石井四郎元陸軍中将についてさらに報告するよう求めた。そして二万五千円を支給した。

第二十回目の連絡は、護国寺付近の路上で、正木は石井四郎中将に直接会って情報をとったと説明した。

第二十一回の連絡は三月十九日午後七時であったが(場所不明)、次回から国立東京第一病院付近を連絡場所にしたいとの提案を正木がしたところ、クラヤンスキーは適した場所かどうか、特に警察の監視を重点的に再点検するように指示した。○ソ連から引き揚げた元日本軍将校の住所、氏名、職業と近況○ヤスカリ・キョン元少将の近況○元ハルピン特務機関員マエダ・ミズホの近況を調査するように指示があった。

第二十二回連絡は、同年四月二日午後七時、護国寺付近で接触、二万五千円を受領した。○富士産業株式会社の重役全員と同社製品○花井京之助元陸軍大佐の近況について調査するよう指示があった。

第二十三回連絡は、同年四月六日午後七時、護国寺付近路上にて接触して報告書を提出したほか、国立第一病院前が連絡に適当であると報告した。クラヤンスキーは、池谷半次郎(元陸軍少将)、白川豊(元陸軍大佐)、細川直知(元陸軍大佐)、塩沢(名前は不詳)(元陸軍大佐)を調査し報告するよう指示した。

第二十四回目の連絡は、同年五月七日午後七時半、新宿区若松町九四国立東京第一病院前路上において接触して、前回要求に対する調査の一部を報告して、正木はクラヤンスキーと一緒に付近を実査して別れた。

第二十五回目の連絡は、同年五月二十一日午後九時に、国立病院前の路上で接触して、報告書を提出して二万五千円を支給された。クラヤンスキーは、近日中に本国に帰還することになったと打ち明け、後任のコチェリニコフに六月四日午後九時に此所で会うよう指示して、○元上海機関の日高大佐について調査して報告するよう要求した。

第二十六回目の連絡は、同年六月四日午後九時、国立病院前で、コチェリニコフと接触、前回の俸給に対する調査を報告した。コチェリニコフは再会を喜び、今後の協力を要請して、太田清(陸士四十三期、元陸軍大佐)、柳田秀隆(元陸軍軍医大佐)、クリ・アキラ(元大佐)を調査して報告するよう指示した。

第二十七回目の連絡は、同年六月十八日午後七時、国立病院前で接触した。正木は前回の報告をした後に、「諜報活動が発見されたとき自殺するためシアン化物が欲しい」と自殺用薬剤の供与を要求したが、コチェリニコフは答えず、真新しい千円札で二万五千円を支給した。

第二十八回目の連絡は、同年七月三日午後九時、国立病院前の路上で接触した。コチェリニコフは、先回提出の報告が非常に良かったと誉めたのち最近警察の監視が厳しくなったとして、新たな連絡場所を探すようにと命じ、次の連絡までに、◯日米講和後の再軍備を元日本軍人はどのように考えているか調査して報告するよう求めた。

第二十九回目の連絡は、同年七月十七日午後九時国立病院前路上で報告書を提出。古紙幣で二万五千円を支給した。今後の連絡を毎月第一と第三木曜日にするか、第二と第四の木曜日にすることを伝え、監視の眼を逃れるためだと説明した。

第三十回目の連絡は、同年八月二日午後九時、国立病院前で、◯辰巳栄一、稲田正純(陸士二十九期)、日高元陸軍大佐について調査するように命じ、辰巳については、日本の再軍備政策に協力する有力者であると説明した。次回は八月十六日の第三木曜日、場所を明治神宮北参道に変えた。

第三十一回目の連絡は、その北参道で午後四時に接触、報告書を提出し、二万五千円を支給された。現金の包み紙の表に、次回の調査項目が書かれていたが、正木はその内容を失念した。

第三十二回目の連絡は、同年九月十一日午後三時、北参道で接触。コチェリニコフから国立病院と北参道がどちらが接触場所として適当であるか正木の意見を聞いたが、当分の間北参道に使うことにした。昼間の連絡場所として、築地の東京劇場にすることの適否を調査するように命じた。

第三十三回目の連絡は、北参道で、報告を提出して三万円を支給された。現金の入った封筒の表面に、東京劇場の略図と連絡日時（十月十六日午後二時）が書いてあった。

第三十四回目の連絡は、東京劇場内で、情報収集をするに際して慎重を期するようにと再三注意があり、古びた千円札で三万円を正木に渡した。正木は「今晩もう一度、国立病院前で会いたい」としてコチェリニコフは了承した。

第三十五回目の連絡は、同日午後七時に国立病院前の路上で、この日二度目の接触で正木は「一カ所で長く連絡することは危険だ」と説明し、さらに「現在の連絡状況では感覚が長すぎて情報内容の新鮮さが失われるので、もっと頻繁に会うようにしてはどうか」と提案した。コチェリニコフは了承した。別れ際に、○吉田政府の経済政策○貿易や実業界にいる共産主義者およびナショナリスト○再軍備をめぐる実業家の動きを調査して報告するよう命じた。

第三十六回目の連絡は、同年十一月十三日午後二時東京劇場内で接触、報告書を提出して真新しい千円札で三万円を支給された。コチェリニコフは「紙幣が新しいので使用する際注意するように」と言って、「今夜七時に国立病院前で会おう」と書いた紙片を渡して、その場から立ち去った。

第三十七回目の連絡は予定通りであったが、コチェリニコフはこの日二度目の接触の理由については語らず、次の調査項目を指示した。

第三十八回目の連絡は、同年十二月十一日午後六時、国立病院前の路上で接触、報告書を手渡した。二万五千円を支給したのち石井四郎（元陸軍中将）を米側が監視していることを伝え、正木にも慎重に行動するよう注意した。

第三十九回目の連絡は、昭和二十七年一月十日午後六時三十分国立病院前で接触、次回の連絡は、日本信託銀行池袋支店前とするが、「付近に五〜六人の通行人がいる場合は中止する」と指示した。○再軍備推進状況と右翼の動静○吉田政府に対する実業家の評価○追放共産党員の解除予想を調査するよう指示があった。

第四十回目の連絡は、同年二月七日午後七時、豊島区池袋東二〜三二日本信託銀行池袋支店前で接触、報告書を手渡した後、正木は「日米講和条約が発効されればソ連代表部は日本から引き揚げとの噂があり自分としては不安である」と述べたところ、「ソ連はどんな状況下でも代表部を引き揚げない」とコチェリニコフは正木を宥め、三万円を渡した。

第四十一回目の連絡は、同年三月四日午後七時、同銀行池袋支店前でコチェリニコフに接触、○細菌戦に関する石井四郎構想○再軍備関係情報○警察予備隊情報について調査指示があった。

第四十二回目の連絡は、同年四月五日午後八時、国立病院前で接触、再度、講和条約発効後、ソ連代表部が引キ揚げるのではないかと質問したところ、コチェリニコフは懸命に正木を、そのような場合でも連絡する方法はある、と説得した。千円の古紙幣で三万円を支給した。

第四十三回目の連絡は、同年五月十九日午後八時二十分、千歳橋付近路上で接触、連絡が保秘上難しくなったと強調した。

第四十四回目の連絡は、同年六月一日午後三時、千歳橋付近で予備連絡をした。予備連絡とは、連絡の安全性を確保するため本連絡の前に接触を保ち連絡時間や場所をソ連側が指示するためのものである。当日、コチェリニコフが周囲に危険を感じ正木に頭を振って中止の合図を送ったが、双方打ち合わせてなかったので、正木は何の意味か判らず暗くなってから、指定の連絡場所に行ったが、コチェリニコフは姿を見せなかった。同年六月十日午後三時に千歳橋付近で第四十五回目の連絡をとろうとしたが通行人が多く、目で合図を送り別れた。正木は午後八時に再び同所に赴き二十分程度待った。更に八時半から約二十分程度待ったが、コチェリニコフは姿を見せなかった。

第四十六回目の連絡も不発で、同年六月二十日午後三時千歳橋付近路上で予備連絡のために待っているとコチェリニコフが同僚らしい三人の男とともに黒塗りの車で来て、今夜八時に会うとのサインを示して走り去ったが、その夜八時に同じ場所にコチェリニコフは姿を見せなかった。

第四十七回目の連絡は、まず予備連絡として、同年六月二十八日午後三時千歳橋付近に赴いたが、コチェリニコフは現れなかった。午後八時国立病院で待っていたところ、自動車でやってきたコチェリニコフと連絡がとれた。報告書を提出して千円札で三万円を受け取った。封筒に次回の連絡日時が書いてあった。

第四十八回目の連絡は、同年八月八日午後八時、国立東京第一病院前で待っていると、コチェリニコフは一人の男を連れてきた。紹介しなかったが、男は正木に親しく話しかけ正木の報告書について批評や質問をした。コチェリニコフは古びた千円札で三万円を支給した後、次回の連絡日をメモした紙片を渡して、ＵＳＳＲのナンバープレートをつけた自動車で立ち去った。紙片には、予備連絡を八月三十日と九月十日、直接連絡は九月二十日と書いてあった。

第四十九回目の連絡は、同年九月二十日午後三時、千歳橋付近で予備連絡ののち、午後七時、国立病院前で接触、報告書を渡し、三万円を支給された。この時、付近にソ連人らしい男がいた。コチェリニコフは「次回の連絡はここで行うが、千歳橋付近での予備連絡を行うことを忘れないように」と注意した。付近にいた二人の男と一緒に立ち去った。

第五十回連絡は、同年十月二十三日午前十時、千歳橋付近での予備連絡を行ない、同日午後七時徒歩できたコチェリニコフと連絡した。報告書を提出して五万円を支給されり、次の日程を書いた紙片を受け取った。

第五十一回目の連絡は、同年十一月三十日午後七時国立病院前の路上で接触した。報告書を提出して三万五千円を受領。コチェリニコフは「十二月は歳末警戒など警察の動きが活発に成ので連絡を止め、次の連絡を一月十日にして、それまでに○政治、軍事、経済に関する日米間の秘密情報、○米国と日本の対中共政策について調査報告することを指示した。

第五十二回目の連絡は、同年一月十日午後七時、国立病院前に行くと、コチェリニコフは連れの男と一緒に陸橋にもたれて背を向けていたので、咳払いをしてそのまま数歩行くと、コチェリニコフが背後から咳払いをして接触した。報告書を提出して七万円を支給された。次回は三月二十五日午後七時とするが、予備連絡を二月一日と三月一日午後一時に千歳橋付近で行なうが、緊急の場合は、予備連絡日の午後七時この場所で会うとした。

第五十三回目の連絡は、指定通り予備連絡を行ない、三月二十五日午後七時に国立病院に行ったが、いずれの場合もコチェリニコフは姿を見せず、連絡は失敗した。コチェリニコフは、時間を間違えて午後八時に来たと弁明したが、正木は「連絡を絶とうとしているのではないか」と激しい口調で質問した。正木が三橋・鹿地亘事件を話すと、「あれはでっち上げであって明らかに素人臭いやり口であるから心配しない」と説明したのち、報告内容が新聞記事程度であるとしたので、正木は不満を覚え言い争いとなった。

第五十四回目の連絡は、同年五月八日午後八時国立病院前の路上にて接触、二カ月分として七万円の支給があり、「今後は二世の米人に接近して、米国の経済政策に関する情報を収集するように」と指示して次回連絡は、六月五日、富士銀行目白支店前と語った。

第五十五回目の連絡は、目白の銀行前路上の車の中で連絡したあ。報告書を渡し、緊急連絡用として自分宛のハガキを一緒に渡した。三万五千円を支給して、次回連絡を六月二十日午後八時と指示して、目白駅付近の見取り図によって連絡地図を説明した。

第五十六回目の連絡は、前回指示のとおり、運輸省技術研究所前路上において待ったが、コチェリニコフは姿を見せなかった。数日後連絡できたが、コチェリニコフから近日中に帰国する予定であると打ち明けられた正木は、その後の経済援助を求めたが、「多分私が帰国した後で支払われるだろう」と回答しただけで冷たい別離だった。その後、正木はソ連諜報機関員からなんら連絡はうけていない。

〈注記▼「三橋・鹿地亘事件概要」昭和二十七年十一月三日各新聞は、作家鹿地亘が謎の失踪をとげたと報道した。これよりさき一部の新聞、雑誌に鹿地亘は米軍情報機関によって逮捕監禁されている意味の英文怪文書が流布されており、これが事件を大きく報道させるきっかけをつくった。第十五回衆議院法務委員会では事件を重視し調査を開始することを決定した前夜の十二月七日鹿地亘は飄然帰宅し、米軍によって逮捕監禁されていたことを語り、「私は訴える」の声明を発表した。これに関して十二月十日帝国電波株式会社技術課長三橋正雄が警察に出頭し、ソ連のスパイとして電波を発信、ソ連本国と通信連絡をしていたことを自供した。三橋正雄は満洲通信隊で終戦を迎え、ソ連抑留中赤軍情報部からスパイを強要され、帰国を望むためやむなく受諾し、昭和二十二年十二月引揚帰国後その指示通り在日ソ連代表部と連絡をとり、以後都内数カ所において月平均一回ずつ該当連絡をとり一定の報酬を得た。昭和二十四年一月米軍の取り調べをうけた際ソ連との関係を自供し、その後は米軍に協力するためソ連側との連絡の詳細を報告することを約束した。昭和二十四年四月ごろソ連側より正式に無電機を受領し、暗号、乱数表は日本人佐々木克巳から受領、佐々木の死後は、鹿地亘より街頭において特殊な方法により人形等のなかに隠された電文を十五回にわたって受領し、ソ連本国と交信をおこなっていた。さらに、その後も米国との関係を秘匿しながら行動し、ソ連側から高速度通信機の訓練を受けるなどソ連諜報拠点としてきわめて重要視されていた。三橋は検挙されるまでソ連側より合計一〇八万四千円の交付を受け、また在日米軍機関よりその報酬として六十六万五千円を受領していた。三橋正雄は昭和二十八年十二月十二日電波法第一一〇条第一項違反として起訴され、懲役四カ月の判決を受けた。また鹿地亘については同法違反の共同正犯として昭和二十八年十一月二十七日起訴された。)

[27] 細川直知

細川直知は、陸軍中佐、第三軍参謀長として満洲延吉で終戦となりソ連軍によって抑留された。昭和二十二年四月エラブカ収容所において取り調べ中脅迫をうけて協力を誓約し、昭和二十五年一月二十二日帰国した。昭和二十六年五月二十七日自宅にウバロフソ連代表部院の訪問をうけてから同二十八年七月二十九日の間、二十九回にわたり日本の再軍備や米国の対日政策などについて提報していた。この間、昭和二十七年二月十四日ウバロフから同代表部領事サベリエフに引き継がれた。

明治四十二年十二月八日生、昭和二十五年八月から日本スケート株式会社に就職、昭二八・一一同社が後楽園スタジアムに吸収合併され、後に同社調査調査室長に就任。身分関係は、本籍 東京都文京区戸崎町二、住所歴は、昭二五・二に本籍地から新宿区上落合一―四八六、事案後は、東京都小金井市緑町三―二九二〇公団住宅一五―三〇三。軍歴は、昭五・一〇 第一騎兵連隊、陸軍少尉、昭八・八　陸軍中尉、昭一〇・一　騎兵学校教官（装甲団）、昭一二・三　大尉任官昭一三・一二月　陸軍大学校卒業、昭一四・一　第一師団、昭一四・一二　参謀本部（支那課）、昭一六・三　少佐任官　昭一六・一二　第三八師団参謀　昭一八・八　陸軍士官学校教官、昭一九・三　中佐任官、昭一九・一二　第三軍参謀長。抑留歴は、武将解除の後、ラーダ、エラブカ、カクシャン、再度エラブカ、ハバロフスク第一四分所、ハバロフスク第二四分所、ナホトカと転々として引揚げる。家族は、妻と二男三女であった。

＊

細川は、帰国直後から二十六年二月ごろまで約三十回にわたり米側から抑留状況についての取り調べを受け、対ソ協力の誓約事実を申述した。ラストボロフ事件発生後、警察庁を通じて警視庁に通報された。

その内容は次の通り。細川は、昭和二十二年四月エラブカ収容所に抑留中、ソ連軍司令部の近くの家に連行され、モスクワから派遣されてきたという小柄で眼の鋭い中佐から経歴、家族、就職希望、財産など約三時間にわたり執拗な取り調べを受け、さらに帰国後は、警察や政府機関に就職するよう勧奨されたあと、日本独立のためソ連に協力することを強要された。これに対し細川は「承諾したら帰国を許すのか」と反問したところ、同中佐から「帰国させる。ただし、我々を裏切った場合はどんな処分をうけるかわからない」と脅迫された。細川はこの要求を断った場合どんな報復をうけるかを考え恐怖心を抱き誓約書を作成署名した。中佐は満足の色を示し、細川が帰国後最初の連絡で使用する合言葉を次のとおり指定した。○ソ「富士山は爆発しますか」○細「日本のシンボルだから爆発することもある」。細川は、昭和二十三年七月にハバロフスクに移され、舞鶴に引揚げた。誓約後の教育については合い言葉の他には語っていない。

連絡・活動状況は次の通りである。ウバロフが細川の自宅を訪問して、富士山の合い言葉を発したが、細川は合い言葉を忘れて沈黙していると、ウバロフは戸惑ったようになり、細川に外出を促して、黒塗りのセダンの自動車でソ連代表部に連行した。ウバロフ他一名が饗応して、その間細川の職業、勤務先の機構、給料、友人などについて詳細に尋ね、返答をメモした後「六月二日の夜再度訪ねて行くからそれまで親類、友人の氏名を記載しておくよう」指示して、現金二万円を支給した。

第一回目の連絡が、予定された六月二日の午後八時半ごろ自宅にウバロフの訪問をうけ、三頁の報告書と活動費見積書を提出した。ウバロフは報告書を点検して、「今後は最低十五頁位書いてもらいたいし、漢字には振り仮名をつけなさい。そして情報源を広くするため元将官や政府要人との交際を拡げ、それらの人達が漏らした情報も書きなさい」と将来の情報着眼を示し、今後の接触はサングラスをかけて来るよう指示した。細川は、次回連絡を七月三日午後九時外苑橋下路上と指定され、調査費として一万円渡された。

第二回目の連絡は、予定通り実行され、米国の経済、軍事政策および日本の政党に関する情報を提供した。その後ＳＣＡＰプレートの自動車で、ソ連代表部に連行されて、服部卓四郎元大佐について尋ねられた。現金二万円を支給され、前回提出した活動費見積は不採用になったことを知らされた。「紙幣が新しいので、連続番号から足がつかないように大きな店で使用しなさい」と注意があった。次回連絡日が指定され、自宅付近まで送ってもらった。

第三回目の連絡は、同年七月三十日午後九時外苑橋下路上で待ち、ウバロフの車の中でした。一万円が支給された。

第四回目の連絡は、同年八月二十七日午後八時半、外苑橋下で、報告書提出の報酬として封筒に入った現金二万円を支給された。

第五回目の連絡は、同年九月二十六日外苑橋下で、日本再軍備計画、今後のアメリカの対日政策についての報告書を提出、現金四万円を支給された。「君が報酬に見合う情報を持ってこないためソ連政府になんと説明したら良いか困っている。よい報告書がほしい」と言った。

第六回目の連絡は外苑橋下で、同年十月九日午後六時半外苑橋下で、ジープの中で連絡した。ウバロフは「モスクワは多額の支払いについて拒否してきた。しかし、報酬の額は徐々に上げる予定だから家を買うか、借りるかするために貯金しなさい。これまでの報告では満足できない」といい、警察予備隊の幹部名、訓練計画、使用兵器の型式、警察予備隊に関する資料などを要求し、今後の連絡場所について相談した。五万円を支給されて、自動車で自宅付近まで送ってもらった。

第七回目の連絡も外苑橋下で、同年十一月十二日午後七時。前回要求の報告書を提出した。次回報告目標として、航空機の数、海軍の規模、再軍備計画、講和条約批准後の対ソ、対中貿易政策をあげ、五万円を報酬として支給した。

第八回目の連絡は、同年十二月十一日午後七時外苑橋下でウバロフと連絡した。警察予備隊、再軍備計画について報告を要求、また細川の就職の有無を尋ねたが、当時無職であったためその旨を回答し、報酬として現金五万円を支給された。

第九回目の連絡は、昭和二十七年一月十五日午後七時外苑橋下で報告書を提出した。「警察予備隊に入隊するために全力を尽くしなさい。それが駄目なら他の職を探しなさい」と指示して、報酬として小さな包みに入れた現金五万円を支給した。

第十回目の連絡を同年二月十一四日午後七時五分に外苑橋下で、徒歩で来たウバロフと接触したが、その際に「今夜午後八時聖輪寺(渋谷区千駄ヶ谷一―九)近くに来るよう」指示された。

第十一回目の連絡は、その日の夜八時聖輪寺近くで行われた。ウバロフがサベリエフ在日ソ連代表部政治顧問班補助員を乗せてきて細川に紹介した。「私は近く帰国する」と説明して五万円を支給した。「今後は毎月第三火曜日か第四火曜日に大妻女子大付近で連絡しよう。緊急時には新宿伊勢丹デパート入口付近で毎月最終日曜日の正午に会う」と指示して、次回を三月十一八日午後七時と指定した。

第十二回目の連絡は、前回の指示通りに、細川が待っているとサベリエフは徒歩で来た。前回要求の情報を提供して、細川は三カ所の連絡場所を略図にして提出したところ、「六本木はソ連代表部に近すぎるので不適当であり、君の友人から高度な情報をとることはできない、何故、日本安全委員会か国警に就職しないのか」といい、さらに「将来、自由党から高度な政策や計画について情報が得られるかどうか研究しておきなさい」と指示して、「次回は四月二十七日正午伊勢丹前で会おう、代わりに白人か東洋人が行くかもしれない。朝日新聞を左手に持っていなさい、代わりの者は煙草の火を貸してくれと近づき尋ねるから、そのときは火をつけてやり、正しい時間を教えてやりなさい。相手は、時計が止まったので、正しく合わすのだと言います。連絡場所まで、君を連れて行く合図だから、ついて行けばいい」と指示して、報酬五万円を渡した。

「総括」に記載された第十三回から第二十七回までの連絡の内容については省略する。最後の連絡は第二十八回の連絡で、昭和二十八年七月二十九日午後八時伊勢丹でサベリエフと連絡し、報告書と共に、自分宛の封筒五通を手渡した。「封筒には入場券を入れて送るが、その入場券の日付から五日後の午後八時に赤坂見付交差点付近で連絡しよう。連絡には、自分以外の者が行くかもしれないので、次の合い言葉で確認しなさい」と指示した。○ソ連側「今何時ですか」○細川「私の時計は正確でない」○ソ「前に貴方に会ったことがある。お名前は」○細川「フジ」○ソ「私が代わりの者です。細川が「ベリアの粛正でソ連は私を裏切るのではないか」と尋ねると、サベリエフは「心配するな」と言い、六～七月の報酬として現金四万円をした。この日の連絡を最後にソ連側からの連絡は止絶えた。

細川はこの間、最低一万円、最高五万円の、総計七十三万円を支給された。

〔28〕古沢洋左

古沢洋左が、「総括」に記載された三十一番目の人物である。

古沢は、陸軍主計中尉として満洲新京で終戦となり、ソ連ウズベク共和国アングレン市の収容所で働きかけをうけ昭和二十三年十二月一日引揚げた。

昭和二十四年三月十日ソ連で支持されたとおり皇居前広場の楠公銅像前で在日ソ連代表部経済顧問のシリコフと連絡し、以後四十五回にわたり当時の国家地方警察本部や内閣情報調査室の組織、職務内容等について提報した。この間、昭和二十六年五月十八日運用者が同代表部山東書記官ノセンコに引き継がれた。

古沢は、本籍が新潟県岩船郡村上町であるが、満洲ハルピンの小学校を卒業している。昭和八年には、東京の成城中学校を卒業して、成城高等学校から京都帝国大学経済学部に進学している。昭和十四年に卒業して、満洲電電公社本社(新京)調査課に勤務している。昭和十五年二月に関東軍第一〇高射砲連隊教育隊に入隊、昭和十六年関東軍経理学校を卒業して、主計少尉に任官している。

引揚後は、世田谷区代田町一—三七二に居住して、昭和二十四年八月からキヨカワ産業株式会社に臨時職員として勤務し、昭和二十五年四月十三日から玉川保健所に就職、昭和二十六年九月五日から、国家地方警察本部に就職している。家族は妻と二人である。古沢は、昭和二十四年三月十日から、昭和二十八年八月三十日までの間、四十五回にわたってソ連側と連絡をして提報し、最低二千円、最高二万円、合計二一万七千円を受けていた。

第一回の連絡は、予定した楠公銅像前。第二回連絡は、三月十一九日に渋谷区並木町。元軍人、警察官の活動状況について報告するようシリコフが指示した。第三回も四月十一四日に同じく渋谷区並木町で、資金難と協力者不足で、回答できないと報告。シリコフは三千円を渡したが、受け取りを拒否。第四回連絡は、六月十四日午後九時同じく並木町。シリコフは、農林省、厚生省、文部省、法務所、電通省(後の郵政省)のいずれかに就職することを勧めた。その後、古沢は米軍から明日出頭するよう通知が来ていることを報告したところ、シリコフは取調べの状況を詳細に報告するよう求めた。

以下、各回の連絡の内容を省略するが、特徴のある部分のみを列記する。第十回の連絡は、古沢のマラリア病が再発して一カ月先延ばしになった。国家地方警察本部の村井順氏と知己があることが記録され、第十五回連絡の際には、古沢は「友人の国警本部警備課長村井順氏の紹介で国家地方警察の経済取締関係の仕事に就職できるかもしれない」と報告している。第十六回の連絡では、七人の日本人(アマウ・エイジ、マツイ・イワネ、マエダ・ヨーゾー、オークラ・イチロー、ナガオカ・タケオ、ヤマダ・マサキ、カワサキ・ヨウタロー)たちに関する情報を要求した。第十七回連絡は、渋谷区並木町であった後に、ソ連代表部に連行されている。最後の連絡は、昭和二十八年八月三十日で道元坂上付近でノセンコに会った。その後、古沢は、十月二十五日午後八時と十二月十五日午後八時同じ場所に行ってノセンコも代わりの者も姿を見せず、それ以来、ソ連側からの連絡はなかった。

第三十一回連絡は、十月十日、恵比寿駅近くのいつもの場所から、数百メートル離れた場所に駐車した車の中で連絡した。ノセンコは、国警本部の配属課、勤務状況、職員の名前と各人の職務内容等を質問した。ノセンコは「緊急に連絡する必要がある場合は、私が君の役所に行き眼鏡に手を触れたときは緊急に連絡したいのだから、その日の午後七時渋谷区恵比寿天現寺橋に来ること」と指定した。第三十二回連絡は、十一月十四日午後七時天現寺橋にてノセンコに会い、前回の自動車に乗り、渋谷、青山墓地、赤坂付近をドライブして間に車中で連絡した。古沢は、国警本部内での自分の仕事、仕事中に観察できる文書、職員の職務内容についての報告書を提出した。古沢は、封筒に入った一万円を報酬として受け取った。第三十三回連絡は、十二月十二日午後七時、前回同様に天現寺橋の車の中で連絡した。古沢は、自分の仕事と、要求された情報の収集法について説明した。第三十四回連絡は、昭和二十七年一月十八日午後七時天現寺橋にて自動車内で連絡した。古沢は国警本部のもっとも重要な計画と政策、国警本部警備課の主要対象について報告した。さらに古沢は「情報収集の方法として、村井氏の机の上で見た報告書を盗み書きしてその中から情報を収集しよう」と言ったところノセンコは、「そのような方法は危険だ。それよりも他の課員と話をして、その話の中から情報を得るようにした方が良い」とたしなめた。古沢は、東京都目黒区上目黒八丁目(道玄坂上)まで車で送られた。第三十五回連絡は、二月二十一日午後七時に道玄坂上で予定したが、ノセンコが五分遅れて徒歩で来た。前回の報告内容について質問して、日共関係は、国警の何課で誰が担当しているか報告書の提出を求めた。第三十六回連絡は、三月二十五日午後七時に同じ道玄坂上でした。今度は、古沢が遅れてきたので、ノセンコは非難したが、古沢の報告を聞いて喜び、「君はさらに上司の信頼を得るように努力すべきだ」と話した。ノセンコは「次回は、二カ月後の午後九時とするが、期間をおいているのは、立派な報告書を書いて貰うためだ。良い情報を期待している」と言った。第三十七回連絡は、二カ月後の五月二十五日午後八時五十分道玄坂上付近で、ノセンコと連絡した。古沢が「次回連絡期間が長いと、せっかく収集した情報が渡せず、情報価値がなくなるから、連絡は毎月行う必要がある」と指摘して、ノセンコは「よく判った。上司に話しておく」と答え、更に内閣調査室の組織、仕事の内容、村井氏の職務内容を調査するようにと指示した。古沢は「国警本部での情報収集の報酬が二カ月で一万円では資金不足であると報酬引上げを要求したが、ノセンコは即答しなかった。昭和二十七年七月二十九日午後八時道玄坂上が、第三十八回の連絡場所であった。「君の報告は、言葉数のみ多く一般的である」と批判したので、古沢は、報酬が二カ月で一万円では良い情報も得られない。給料の良い他の職を探すためには、今の仕事を辞めるかも知れない」と古沢が不満を述べると、ノセンコは「たとえ連絡がないときでも毎月一万円は支払う。次回は一万五千円持ってくる」と古沢に国警本部を辞められては困るといった態度を示した。第三十九回の連絡も、昭和二十七年九月十五日午後八時、道玄坂上付近だった。古沢は「新聞でソ連代表部員全員が引揚げると書いてあったが、私はどうなるのか」と尋ねた。ノセンコは「特別な変化はない」と答えた。第四十回の連絡は、十一月十日午後七時道玄坂上付近で、ノセンコは「もっと詳細な報告をするよう」に指示して、「国警本部の職務内容、村井氏の考え、どんな文書が流れているか、国警本部や内閣調査室の幹部になれる条件、国警本部の共産党対策、それに三枝氏や和田氏、その他の国警本部の幹部と親しくして、その話の中から情報を得るよう」に指示した。第四十一回連絡は、昭和二十八年一月七日午後七時道玄坂上付近で、古沢は国警本部や内閣調査室の拡張に関する調査を命ぜられた。第四十二回連絡は、昭和二十八年三月五日、徒歩で来たノセンコと道玄坂上付近で行った。暗い袋小路に連れて行き、報告書をひったくるようにして、内閣調査室の職員、職務内容と、村井氏を訪問する客の名前、職業等の調査を指示した。「君の他にソ連引揚げ者で国警本部か、内閣調査室に勤務している者を知っているか」と質問したが、古沢は「そのような人は知らない」と答えた。途中寄り道せずに帰るように言われて別れた。第四十三回連絡は、五月九日午後八時、道玄坂上付近で、日本人が近くで煙草をふかしていたので、古沢が注意したが、関心を示さなかったので、安全性に気を遣うノセンコにしては珍しいと思った。「村井氏が愛国者か親米家か」と質問したので、反問して「吉田首相は、アメリカびいきであり、その下で働いている者は同じように考えている」と答えた。六月二十七日午後六時、第四十四回の連絡。現在の自分の地位では要求に応えられないと報告。第四十五回目、昭和二十八年八月三十日午後八時、道玄坂上での連絡が最後になった。古沢は、昭和二十四年三月十日から昭和二十八年八月三十日までの提報期間中、合計二一万七千円を受け取ったが、その内訳は、最低二千円が五回、三千円が五回、五千円が二回、一万円が七回、一万五千円が一回、最高の二万円が五回である。

〔29〕 郡菊夫

郡菊夫は、「総括」に掲載された三十二番目の人物である。

郡は、満洲第三四五分遣隊員(露語要員)であったが、終戦と同時にソ連軍の捕虜となり、収容所において工作をうけて対ソ協力を誓って、在日ソ連代表部員ルントコフスキーならびにロマコフと都内数カ所において連絡し、在日米軍基地の建設状況や警察予備隊の装備などの情報を提供して約二十万円の報酬をうけていた。

本籍は、東京都杉並区成宗三三六三であるが、大田区北千束を昭和二十六年以来、住所の拠点にしていた。「総括」には、昭四一・五の住所として、大田区北千束の地番が、住居表示変更があってからの住所として記載されている。

郡は、昭和七年に横浜高等工業学校建築科を卒業して、大蔵省営繕管財局建築課に就職する。二年後に、大蔵省を辞めて土浦亀城建設事務所東京本社に転職し、昭和十四年四月に満洲新京支店勤務になり、また昭和十九年には、東京本社に戻る。戦局が不利になった昭和十九年には、郡は三十四歳であったが応召される。新京の歩兵第六七五部隊に配属。新京勤務の経験をかわれて、関東軍の特種謀略部隊である第三四五分遣隊のロシア語要員に配属された。ソ連に抑留、ハバロフスクの収容所をたらい回しにされている。帰国後にソ連のスパイになれと脅迫され、帰国後ソ連の協力者になることを誓約した。

誓約書の文面は、「日本をより良い国とし、世界平和に貢献するため秘密の任務に当たることを約束する。この秘密を漏らすことなく、もし漏らした場合には軍法会議に付されても異議ありません」とあり、署名させられた。帰国後の一九四九年四月一日午後六時に千代田区九段のイタリア文化会館の前の路上で連絡員と会う手はずと合言葉も指示された。

郡は、ソ連と約束したとおり、第一回の連絡を、その四月一日に実行している。第二回の連絡は、昭和二十四年四月二十二日、同じイタリア文化会館前で、自分の建築事務所の従業員のレポートを手渡した。ソ連側は、郡が身分を隠して、建設省、運輸省の情報をとるように指示した。第三回連絡が、昭和二十四年五月二十七日午後六時、イタリア文化会館前の路上で行われた。ルントコフスキーは、ひどく用心して、辺りに鋭く目を配りながら、報告書を受け取り、小声で「貴方が属していた第三四五特種部隊の隊員の名簿を次は入手してください」と言った。郡は、初めて報酬として現金五千円を支給された。ルントコフスキーは、六月の連絡で、ソ連の対中国援助に対する日本人の反応、七月には、有能な政治家に接近して知人の範囲を拡げるように、八月には米国占領軍とその宿舎についての情報を要求した。九月三十日の連絡の時に、ルントコフスキーは、ひどく緊張していたから、郡は、別のソ連情報機関員が監視しているのではないかと勘ぐったが、十月の連絡予定日にルントコフスキーは現れなかった。郡は、律儀にも昭和二十五年六月まで、毎月の月最後の金曜日の午後六時にイタリア文化会館付近に行った。

一年が経った昭和二十五年十月三十一日、ひょっこり郡の自宅にルントコフスキーが現れた。従来の連絡場所が危険だとして、国電五反田駅付近の路上を連絡地点とし、第十回目の連絡が五反田駅付近であり、都内に建設中の巨大構造物の名前、使用目的などについての報告を求めた。第十一回の連絡も、五反田駅周辺で、前回要求に対する報告書が渡され、次回には、都内の主な工場と所在地などについての調査を求められた。連絡日は、毎月最後の金曜日午後七時で、第十二回には、情報の出所を明らかにして、情報収集の必要経費を書いて出すようにとの指示があった。第十三回の連絡は、二月二十三日で、郡に現金三千円が支払われた。都内に建築中の巨大構造物についての報告書が手渡された。第十四回の連絡は、三月九日で、郡は経費五千円を要求したが、ルントコフスキーは直接答えず、次回は、ソ連引揚げ者の生活状況などを報告するように指示した。第十五回の連絡は三月三十日で、都内の巨大構造物についての口頭報告の後、引揚げ者についてのレポートを提出した。郡に二万円が支払われた。四月二十六日の第十六回の連絡で、引揚げ者に関する断片的な情報が手渡され、ルントコフスキーは、〇卓越した日本の建築技師土浦某と山口文祥についての〇米国の対日政策についての国民の意見〇郡の自宅付近見取図などを報告するように命じた。第十七回の連絡は、五月十一日で、引揚者についての情報について、正確な住所、氏名、生活状態、その他情報として価値のある事柄を次回報告するよう指示して、現金三千円を郡に与えた。第十八回の連絡は六月八日。引揚者について調査した報告書を手渡した。第十九回連絡は、七月六日午後九時で、ルントコフスキーは、一人の外国人を連れてきて自分の同僚で、自分は身体が悪く近く帰国する予定であり、今後、この人と連絡して貰いたいと言った。郡が紹介された男は、在日ソ連代表部員M・V・D所属のレオンチェフ・コマロフと確認した。コマロフは早速、外国人が日本のホテルや旅館を利用する場合の手続きについて調査するよう命じた。

コマロフは、郡の妻が病気をしていることを慰め、治療費の必要額について報告するように要求し、次回の連絡場所は渋谷駅から三軒茶屋の方に向かった高台にある専売公社の裏にすると指定した(第三十一回まで連絡場所となり、第三十二回から目黒駅付近の自然教育園付近や三井銀行目黒支店裏になる)。

第二十回の連絡は八月三日午後八時三十分、渋谷区南平台町四〇日本専売公社渋谷出張所裏路上(閑静な住宅街)で接触した。報告書を渡すとコマロフは、報酬として現金一万円を支払い、次回受領証を提出するよう求めた。そして○住居を移動する場合の手続き方法○郡がソ連で抑留生活を一緒にした近藤清成、久保明、高山英夫の三氏の近況を調査して報告するよう求めた。第二十一回の連絡は、九月二十一日を予定したがコマロフは現れず、翌日、翌々日にも現れず、最後の金曜日の二十八日午後八時にようやく連絡した。報告書を渡し、現金一万円が支払われた。高山英夫と久保明について調査を詳細にするよう、米陸軍の活動状況、講和条約に対する日本国民の考え方について調査を続行するよう求めた。第二十三回の連絡は、十一月九日午後六時半。現金一万円が支払われ、○世界の軍事情勢に対する旧日本陸軍将校と政界上層部の見方○外国人が日本のホテル、旅館を利用する場合の手続き資料○日中、日ソ間の通商について報告を要求した。郡は、ホテル等の利用については、提出済みとしたが、コマロフは、もっと具体的に調べたものが欲しいと答えた。第二十四回の連絡は、十二月七日、現金一万円が支払われ、日米講和条約に対する国民の意見調査を続行するよう督励した。米軍施設、再軍備の状況、国際問題となっているもの等の報告を求めた。第二十五回の連絡は、昭和二十七年一月二十五日午後六時で、報酬は現金一万円。コマロフは、郡に対し、以前報告した近藤清成が会長をしているソ連引揚者の会、「柵の会」に入会してその活動状況を調査、報告するよう指示した。第二十六回の連絡は、二月二十二日午後七時。報酬として現金七千円。第二十七回の連絡は、三月二十一日午後七時。報酬として現金八千円。相互の連絡が切れた場合に備えて、宛名を自署した封筒に友人が会いたいと書いた便箋をいれて持参するようにして、二回会えない場合は手紙を待つようにして、手紙が一日か十日までに届いたときは十日、十一日から二十日に届いた時は二十日、二十一日以降の場合はその月の最終日とし、場所はこれまでと同様とすると指示した。代理人との合言葉も指定した。第二十八回の連絡は、四月十八日午後七時五分、封筒と報告書を手渡し、宛名の読み方を聞いて、手紙について前回の指示を繰り返した。柵の会についての情報が不十分であるとして詳しく調査するよう求め、現金八千円を支払った。第二十九回の連絡は、六月六日午後七時三十七分から八時十五分ごろまで待ったが、コマロフは来なかった。次の金曜日にも待ったが来なかった。郡は諦めず、六月二十日(金)午後七時半ごろから八時まで待ったが来なかった。念のためと午後九時に行ったら、コマロフが待っていた。時間を間違えたと素直に謝り、柵の会の報告を受け取り、現金一万円を支払った。第三十回の連絡は、八月八日午後九時。柵の会についての報告を手渡し、現金一万円を支給。第三十一回連絡は、九月二十一日午後七時半。かつてソ連に抑留された日本人捕虜を尋ねて現況を報告するよう指示して、現金八千円を支給した。受領証を次回提出するよう求め、連絡場所を新たに定めるので、九月十六日午後七時半に目黒駅前で連絡するとした。第三十二回連絡は、九月十六日午後八時に郡が目黒駅に行くとコマロフは来ていて、駅前から都電に乗ったので、郡は後に続いた。コマロフがこの日ほど周囲に厳しく警戒している姿を見たことはなかった。場所は、国立自然科学教育園の裏通りで、大樹の葉が被さり、昼間でも薄暗い場所であった。第三十三回の連絡は、九月三十日午後七時半、自然科学教育園の裏であったが、次回から場所を変えることになった。三井銀行目黒支店の裏辺りであった。社会問題になっていることを堤報するようにとの指示。第三十四回の連絡は、十一月十一日午後六時半三井銀行近辺で予定したが、来なかったので、十八日午後六時半に再度赴いたところ、コマロフは、国立自然科学教育園裏まで歩いて行った。三井銀行の裏は交番が近いので危険であるとして、再度場所を変えたのだ。コマロフは「アメリカ人の友人についてその人物と思想を報告するよう、また国民一般に関心の持たれている社会問題についても報告するよう」指示した。第三十五回の連絡は、十二月十六日午後六時自然教育園裏で接触した。郡は、警察から監視されているようで落ち着かなかった。口頭でも、報告書でも情報活動から放免して貰いたいと話したが、コマロフは聞き流した。次の連絡日は昭和二十八年三月七日と指定されていたが、郡はこれ以上関係を続けることに耐えられず、連絡場所に行かなかった。

＊

昭和三十二年一月二十七日長男が生まれた。経営する郡菊夫建築事務所は、港区芝西久保明舟町一七（日本計量協会二階）から渋谷区大和田町（石井ビル三階）に移し、順調に発展した。事業に専念する傍ら、富士精密工業の自動車設計嘱託デザイナー、プリンス自動車販売の嘱託、建設省審議会委員、日本建築家協会理事を務めるなど活躍しているのが、事案後の動静であった。

［30］ 斎藤金弥

「総括」に記された三十三人目の人物、斎藤金弥は、米軍から通知を受けて警視庁が任意取り調べをしたときには、三重県教育長であった。

斎藤は東京帝国大学法学部卒業後、内務省に入り、樺太庁経済第二部長在任中終戦となり、昭和二十年十二月三十日ソ連軍に逮捕抑留された。昭和二十一年五月二十日ごろハバロフスク収容所において対ソ協力誓約書に署名し、昭和二十三年四月エラブカ収容所において、帰国後の連絡について指示を受け、昭和二十五年一月二十二日高砂丸で舞鶴港に引揚げた。

帰国後、米軍の取調べを受けた際、ソ連抑留中の諜報誓約事実などを自供した。米軍から通報を受けた警視庁は、斎藤の社会的地位を考慮して、山本公安三課長を昭和三十年六月二十五日、三重県下に派遣して三重県警察会館で任意取調べを行った結果、ソ連に対する誓約の事実と帰国後、高知・三重の両県下に居住し、勤務していたため連絡はしていなかったことが判明した。

斎藤は引揚げ直後、東京の警察病院に入院し、同年五月十六日退院した。その後は昭和二十五年十二月経済安定本部名古屋管区経済局に勤め、昭和二十八年五月、三重県教育長となり東京を離れたためソ連機関との連絡はとらなかった。

〔31〕 柳田秀隆

三十四番目の人物が柳田秀隆である。柳田は熊本医学専門学校を卒業後陸軍に入り、終戦時には陸軍大佐として満洲ソンゴ駐屯第一二三師団の軍医部長であったが、ソ連軍の捕虜となり、ハバロフスク収容所に抑留された。抑留中取り調べをうけて、収容者の動静を密告することを強要されて誓約し、以後特務機関、憲兵、警察の経歴者を密告していた。柳田は、昭和二十一年暮「特四五分所(将官収容所)」に移された。そこには、山田、後宮両大将、喜多、村上両中将、大津樺太庁長官や蒋介石顧問の佐々木中将ら六人がおり、柳田は、病人の治療に藉口して彼らに近づき、日常の言動をとってソ連機関に報告していた。昭和二十三年六月二十日ラストボロフに諜報誓約して同年九月十四日引揚げた。

帰国後、本籍地の鹿児島県日置郡日置村から近い薩摩郡宮之城町矢部稲富進方にに落着き、昭和二十四年姫路市橋本町に移って医師を開業したが、引揚げ直後、東京丸ノ内の郵船ビル内において米軍の取り調べを約一週間受けて、滞ソ抑留中の誓約事実を明らかにしたためかソ連側の連絡はなかった。家族は、妻と長女、次女、次男の四人で、長男は七歳の時に満州新京で病死。

ラストボロフは「昭和二十三年から二十四年にかけてハバロフスク収容所の捕虜の中から諜報手先を獲得することを命ぜられ、約二〇〇名の戦犯と接触して一名位を獲得した。その中に軍医大佐がいたが、日本で活動したかどうかは知らない」と供述した。警視庁は、昭和三十年柳田を姫路市の自宅に訪ね諜報容疑在日ソ連代表部員十二名の人物写真を示して任意に取り調べた。柳田はラストボロフの写真を抽出した。

［32］ 吉川猛

吉川猛が三十五番目の人物である。吉川は、陸軍幼年学校、陸士、陸大を卒業し、終戦時は陸軍大佐として第三〇高級参謀であった。

昭和二十二年一月マルシャンスク収容所において、戦犯から釈放されることを条件に対ソ協力を誓約し、引揚げ後の連絡方法などを指示をうけ、昭和二十三年九月三日引揚げた。○ドフトフエフスキーの『罪と罰』をよく記憶しておくこと○人目にたつ民主運動をしないこと○親ソ的言動をしない等の注意があった。

昭和二十三年十一月三十日靖国神社境内大村益次郎銅像付近で二人のソ連人と連絡した事実を米軍機関は確認している。昭和二十三年十二月十日および十六日の両日にわたって警視庁公安第三課に任意出頭を求めて取り調べた結果、抑留中の対ソ誓約事実は認めたが、引揚げ後のソ連機関員との連絡および協力関係には否認した。事件後は本籍を台東区車坂一〇から世田谷区池尻三七一に移し、住所を世田谷区三軒茶屋町一九四に転居して、長女は昭和二十七年二月十八日に婚姻のため転出し、妻と二人で生活していた。職業は中央信用金庫理事、営業部長であった。

[33] 深井英一

深井英一が、「総括」に掲載された三十六人目、最後の人物である。深井は終戦当時、満洲国新京所在空軍司令部参謀中佐で、マルシャンスク収容所に抑留された。彼はソ連政治将校ペトロフに政治、経済、軍事の情報を収集して山本新の偽名を名乗り、ソ連に協力することを誓約させられ、昭和二十三年七月八日帰国したが協力した事実は認められない。明治三十三年九月二十六日生で、本籍は新潟県三島郡来迎寺村大字来迎寺甲一、二六一であるが、引揚後、神奈川県秦野市南矢名三一六で養鶏業を営んでいた。越後の小学校を卒業してから、陸軍幼年学校に入り卒業して、昭和七年には陸軍大学校に入学、昭和十一年には、関東軍の参謀を勤めている等、生粋の軍人であった。家族は、妻と四人の男子があった。

深井は引揚の翌日、前田瑞穂(米軍勤務、元日本陸軍大佐)の取り調べを受け、前田から「私に報告するような何か諜報資料はないか」と尋ねられたが、深井は引揚後活動を予定している対ソ協力の使命、連絡日時、場所、合言葉などを話した。さらに今後の措置について前田に相談した結果「心配するな」と勇気づけられ、その足で妻のいる神奈川県秦野市の実家へ帰った。その後、昭和二十四年二月深井は米軍から神奈川県庁付近の建物に出頭を求められ、収容所生活や帰国後予定された対ソ協力活動について尋ねられた。深井は引揚時舞鶴で申述したことを重ねて話したが、帰国後予定された東京都渋谷区並木通りにおける連絡は行わなかったと供述した。

＊

情報通信の高度化で、内外の資料が容易に検索・入手できる。大日本《おほやまと》を守る北畠親房の気概で、米国国立公文書館の所蔵資料はもとより、京都大学の進藤翔太郎氏の論文「アメリカ国立公文書館から見たラストボロフ事件」「ラストボロフ事件および関・クリコフ事件——戦後日本を舞台とする米ソ情報戦の例として」や、小林英夫早稲田大学名誉教授による『田村敏雄伝』等、広汎に参照されたい。

[34] ラストボロフの晩年

「ワシントンポスト」(二〇〇六年一月十五日号)は「The Most Dangerous Game」と題する特集記事を掲載して、亡命後のラストボロフが二〇〇四年死去するまでの経緯について報道した(https://www.washingtonpost.com/.../1603f078-e28f-4ef6.../)。

同記事を執筆したワシントンポスト紙の記者の父親が、CIA職員としてラストボロフの面倒を見る担当官であったことから、私生活に至る観察が記録されている。

ラストボロフの米国での仮名が、Martin Francis Simons であったこと(仮の誕生日を一九二四年九月一日として、父親がオランダ人で母親がロシア人だったとしてロシア語訛りがあり、イランのテヘランで育ったと偽装することになった)。亡命後五十年記念の五日前の日に、メリーランド州ポトマックの自宅で八十二歳で死亡したとワシントンポストの訃報欄に掲載されたこと。米国人女性と結婚して二人の娘がいたこと。三十二歳だったラストボロフ(一九二一年七月二十一日生)は、大雪の銀座の末広で食事をした後、日本郵船ビルに向かい、濃紺のオーバーを着て皮のブーツを履き、外交旅券を持ち、一〇〇ドル相当の円貨と、八歳になった娘の写真を持っていたが、個人的な持ち物はソ連代表部を脱出する前に焼却したこと。対ソ連諜報組織の係長をしていた Werner Michael 米陸軍大尉（二十九歳）が黒塗りのシボレーで迎えに来たこと。陸軍大尉は、ラストボロフの信憑性を確かめるために、三人の日本人の手先の名前をあげるように要求したが、その一人が大尉の組織の警備員をしていたこと。米陸軍は一九五一年からラストボロフを追跡していたこと。オクラホマ出身の米国人女性、Maude Lillian Burris が英語教師をしていた。東京のローンテニスクラブに入り、西側の生活水準の高さに驚き、スターリンの恐怖政治に幻滅したこと。一九五三年三月にスターリンが死去して、ベリアが七月に逮捕され十二月に射殺され、ベリア派であったラストボロフは召喚されたこと。帰国日は一月二十五日までに延長されるが、二十三日、東京ローンテニスクラブに会費支払いに訪れ、ニュージーランド代理公使から英国亡命の誘いがあり、英空軍のある立川基地に行くが、英側の対応に不信感を覚えて、単なる身柄交換になることから英国亡命を拒否する。そこで、モスクワ行きの飛行機が出る前日、ラストボロフは、Burris に助けを求める。マイケル陸軍大尉の車は羽田に向かい、C47輸送機で沖縄に向かうことになったこと（大雪の悪天候のために出発は遅れ、一月二十五日の午前三時頃になった）。尋問が沖縄で一カ月間ほどあり、その後米国に移送され、CIAがつけた暗号名が Dipper19 だったこと。CIAがラストボロフに二人の慰安婦を提供したこと。ラストボロフは最後まで記者会見に乗り気ではなかったが、CIAは雑誌ライフに手記を掲載するなどして、ラストボロフを政治宣伝のために活用したこと。ラストボロフはCIAの契約職員とはなったが、本部に立ち入ることは許されなかったこと（最終的な信頼がなかった証左であるが、ラストボロフは一九七九年に訴訟を起こして処遇改善を要求している。八二年ごろに、

ＣＩＡは年金を支払い、但し、偽名を維持するために民間保険会社から支出を認めている)。一九五六年三月十二日に、Hope Macartney というＣＩＡの分析官と結婚したこと(一九七七年に離婚)。米国人の妻との間に、Jeniffer Walther と Alexandara Simons の二人の娘がある。Jeniffer は、後年、異母姉の Tatyana にモスクワで面会する。料理をすることが趣味のラストボロフは、一九六一年、ジョージタウンでレストランを開業したが九カ月で閉店した。コイン洗濯機の事業を始めたが、大損には至らなかったが数年で廃業したこと。離婚後も二十七歳年下の女性など二人と交際するなど艶福家であったこと。ソ連が歴史本の題材になった後も、ラストボロフの心の中には、望郷の念とソ連の恐怖が残っていたのか、臨終のベッドではパラノイアのような症状になって、「奴らが自分を殺しにやってきた」との妄想を、それまで意図的に使わなくなっていたロシア語で叫んでいたこと。東京で得たテニスが生涯の趣味となり、ラストボロフを担当したＣＩＡの担当官が、実はテニスのプロフェッショナルで、後にナビスコの会長になった有能の士であったこと、等々、ワシントンポストの記者になったその子息による網羅的な記述が残る。

詳細に関心の向きは、リンク先を文頭に掲げたので、ワシントンポスト紙の記事を直接参照されたい。

[35] スパイ防止法のない国・日本

日本では、スパイ防止法がないために、摘発するにも国家公務員法違反か、外国為替管理法違反が関の山であった。

高毛礼の場合、懲役一年、罰金百万円と軽微で、庄司の場合、調書の証明力が十分でないとして、無罪になった。志位正二は、不起訴になり、シベリア開発の専門家になった。昭和四十八年シベリア上空を飛行中の日本航空機の機内で死亡。死因は脳溢血とされたが、「ご用済み」になってKGBに〝消された〟との噂も絶えなかった。

裁判で有罪になったのは、先述の高毛礼と貿易会社役員の遊佐上治、日本共産党特殊財政部長の大村英之助の三名だけであった。遊佐は懲役八月、執行猶予二年、罰金三十万円の判決を受け、大村は長い裁判の末に、昭和四十二年になって懲役二年六月、執行猶予五年が確定している。

米国に亡命したラストボロフに対して、ソ連は不在裁判をして死刑判決を下している。

＊

ラストボロフ事件で、実在した人物を題材にして「小説」やノンフィクションが書かれているが、三好徹著『小説ラストボロフ事件　赤い国から来たスパイ』(講談社文庫)や檜山義昭著『祖国をソ連に売った36人の日本人』(サンケイ出版)がある。三田和夫氏(読売新聞記者)は、当人がシベリア抑留者であったからか、ラストボロフ事件についての深掘りをした著作を残しているが、今となっては稀覯本となって入手が困難であった。デジタル技術の進展で、インターネット上に、戦後出版された本が写真で掲載されて、「三田アーカイブス」として公開されている。飯島一孝著『六本木の赤ヒゲ』（集英社）は、「総括」に記載された白系ロシア人医師のユージン・アクショノフの伝記本であるが、ラストボロフ事件との関わりを自己弁護する内容もあり、ソ連でスパイ容疑で逮捕されたことなど、興味深い内容の単行本である。佐々淳行著『私を通りすぎたスパイたち』（文藝春秋）の巻末には、ラストボロフ関係者として、三十七人が三つの表に分類されて掲げられている。文春オンラインには、ジャーナリスト小池新氏が執筆した記事が、https://bunshun.jp/articles/-/49849 のリンク先にまとまって公開されている。

＊

「総括」のリストに、田村敏雄の名前が出てくるが、自民党の大派閥・宏池会の事務局長を務めて活躍した人物である。田村氏の名誉のために引用するとすれば、帯に「所得倍増にかけた三人の敗者〈ルーザー〉の物語」と書かれた、池田内閣の時代を活写する名著、沢木耕太郎著『危機の宰相』（文春文庫、二五六頁）に次のようなくだりがある。

「一九六三年（昭和三十八年）の春、田村は終生こだわりつづけた社会主義への『訣別宣言』とでも言うべき文章を書いている。自然科学は実験で科学を証明して科学を体系づけるが、社会科学は実験ができないというのが、学問論のイロハであり、社会科学者のなやみ、なげきであるが、レーニン、スターリン、そうしてフルシチョフはこの従来不可能とされていた社会的大実験を何百万人、何千万人の犠牲をいとわずに五十年にわたってやってくれたのである。現代人はこの意味でソ連に感謝すべきであるといったら言い過ぎだろうか。現実社会には、常に矛盾がある。『不合理』『不公正』『不平等』がある。それはひとえに資本主義のせいであるとして、これとまったく異なった原理の社会主義国家をつくって半世紀、その驚くべき努力の結果、社会主義はだめだということを立証した。もはや人類は理論上も実際上も社会主義の夢にうなされたり、ひきつけられたりする必要がなくなった。この意味でソ連人に感謝してはどうだろう。社会主義は変わった。いな、社会主義は死んだ。今は、その検死を精密にし、葬式を出すべきである。葬送曲と弔辞を用意すべきときである」と。とても偽装工作とは思えない遠謀深慮の文章が収載されている。

＊

ラストボロフ事件と直接の関係はないが、元大本営参謀で、ソ連に抑留され手先をなることを誓約した「誓約引揚者」であったことが歴然としているばかりか、東京軍事裁判にソ連側の証人として出廷した前歴のある人物が、中曽根政権のブレーンであった。第二次臨調委員などを務めた伊藤忠商事特別顧問の瀬島龍三である。史上最悪の東芝機械ココム違反事件にも関与した可能性があり、

「ばれなければ、(瀬島は)スターリン勲章ものの大仕事であったはずである」と、佐々淳行氏は指摘した。田村と池田勇人、瀬島と中曽根康弘のように、時の政権中枢に外国の手先が入り込むことが現実にあったのだ。

さて、近年の権力中枢には、新自由主義という、疑似全体主義の国家を超えた国際拝金思想を信奉する勢力が入り込み、近隣の全体独裁国に日本の国富を資金源として移転か投機して失敗している。日本を弱体化、没落させ、全体主義独裁国家はいよいよ軍事力を増強し、一帯一路の世界制覇と、武力による台湾併合を口吻にのぼせている。手先が日本人になりすまし、公然活動を活発化させている。党員証にクレジットカードが印刷され、外為法で取締まることもできなくなっている。なりすましの帰化日本人が暗躍する「スパイ天国」の様相を呈している。先端産業技術が漏洩する産業スパイ事件は、頻発している。国会議員に二重国籍の問題や疑惑があっても、日本の国会には、もう自浄作用もないようだ。

＊

宏池会から、内閣総理大臣が久々に誕生した。新自由主義との訣別を口吻にのぼせたが、田村敏雄の「社会主義との訣別」の如く、「小泉・竹中政治以来菅政権に至るまで、ブレーンに国際拝金勢力の手先を重用した新自由主義は死んだ、今は、その検死を精密にし、葬式を出すべきである。

葬送曲と弔辞を用意すべきときである」と、宏池会の創設者のひとり田村敏雄ばりの大音声は未だ聞こえずじまいである。

宮沢宏池会内閣の時、宏池会会員ではない郵政大臣が大暴れ、新自由主義の政策が導入継続されることになったが、新自由主義の手先議員等の横行は継続するのだろうか。宏池会は「お公家さんの集まり」と近年は揶揄されるが、草創時は敗者の集団だった。池田、下村、「スパイ転向者」田村の三人の大蔵省出身の「敗者」が所得倍増論をぶち上げ、戦後日本を経済大国に押上げたのだ。外国勢力の不当な介入から自立自尊の日本を守るためにも、スパイ防止法や対外情報組織等を整備する必要がある。

*

一九九四年三月十四日、NHKドキュメンタリー「スパイラストボロフ　四十年目の証言」が放送された。ワシントン在住の記者が、ラストボロフに直接インタビューしたもので、ワシントン郊外のヒルトンホテルの一室で、正面から撮影しないことを条件にしている。

ラストボロフ事件発生後、発表された手記は、ラストボロフ自身が書いたものではなく、CIAが作成したものであったことを明らかにしている。モスクワに残してきた娘に取材することは、やめて欲しいと取材記者に懇願するなど生々しい場面もある。

ラストボロフは当初、英国情報部の力を借りて、立川空軍基地から日本を離れる予定にしていたが、対応に不信感を覚えて、英国亡命を拒否するに至る。英国情報部に委ねると自分の身柄とソ連に工作されている英国人の身柄との交換に使われてしまうとの判断について、番組で「このゲームを続けられるのは、二、三日しかないと気づいた。イギリスにいるソ連のスパイが私の情報をモスクワに送るからだ」と発言している。

ピーター・ライト著『スパイ・キャッチャー』(久保田誠一監訳、朝日新聞社、三九三―三九五頁)に、英国情報部とラストボロフの交渉の詳細が記載されている。ラストボロフが、英国情報機関にソ連のスパイが浸透していると信じていたのは、友人のスクリプキンが、なぜかKGBに亡命する手はずを見破られ、銃殺刑に処せられたことがあったからだとする。

*

米国国立公文書館には、ラストボロフ事件関係者のファイルが大量に保存されている。ラストボロフ本人に関する資料はもとより、ソ連の手先となった日本人のファイルも大量に保管されている。米国占領軍は、終戦時の参謀次長であった河辺虎四郎中将を長として河辺機関を組織する。終戦時の阿南陸相の後を受けた下村定大将、参謀本部第二部長有末精三中将、辰巳栄一の四人が中心となる。全国を五地域に分けて、それぞれ責任者を配置して、北海道は萩三郎少将、東京周辺は高島辰彦少将、近畿地区は木村松次郎中将、中国地区は甲谷悦雄大佐、九州地区は芳中和太郎中将などであった。

任務は、各地方の治安状況を調査すると共にシベリアからの引揚者による共産化活動や対ソ情報の収集など、国内治安維持のための情報収集活動が主体の組織を組成した。そこで収集された資料は、一部は日本側に渡されたが、日本側には渡されずに米側のみの記録として残っている場合がほとんどである。一例を挙げると、松岡洋右のご子息がソ連の手先として勧誘された可能性があるとするファイルも残されているようだ。「総括」からは、沢田孝夫が抜け落ちていることは指摘したが、ISHIDO Mitsuo についても抜け落ちているようだ。要するに、日本側に提供されなかった資料が、なお米国国立公文書館には大量に眠っているのだ。

ソ連が崩壊した際に、米国は速やかにソ連の公文書館から秘密文書を購入することに成功した。米国議会図書館は、「ソビエト・アーカイブ」の名称でインターネットで情報公開した。インターネットが普及し始めた頃で、逆にこの情報公開がインターネット普及を促進したと言われるほどソ連秘密文書の公開は関心を呼んだ。リンク先を今も残し、文書のネット展示と公開を継続している(https://www.loc.gov/exhibits/archives/)。

ラストボロフ事件のソ連側の関連文書は、無明の闇の中にある。ソ連諜報機関の文書を新生ロシアが引き継いでいることは確実であり、日米露で記録が公開され、暁の光が照射され突合される時代はきっと来る。「天網恢恢疎にして漏らさず」である。

[36] 独立国・日本へ

敗戦国日本は焦土と化し、凍土のシベリアから、満洲から、朝鮮半島から、台湾から、あるいは南洋群島から、祖国日本に引揚げても、飢えに苦しむ国民の一人であることに変わりはなかった。ソ連の捕虜収容所で、帰国したい一心で署名した「誓約」を実行すれば、祖国日本を裏切ることがわかっていても、当時にしては大金を貰うことができたから、背に腹は代えられなかったのが実態だ。もちろん、誓約書を書いても、「裏切って」反ソ連の活動を公然と帰国後に開始する人士が少数あったことはせめてもの救いであった。

ソ連の諜報部の裏切り者には制裁を加える鉄の規律が、都倉栄二氏を巡って、テルアビブ事件で実行されたのではないかと推理する可能性にも言及したし、晩年のラストボロフが、報復に対する恐怖心でパラノイアのようになったことも紹介した。日本では、理想郷のように喧伝されたソ連が、実はソルジェニツィンが克明に描写した収容所列島に過ぎなかったのであるが、その中での女優岡田嘉子らの行動は、日本人の喜劇をみるかのようだ。コワレンコが、シベリアに居住する約百五十万人のウクライナ系ロシア人の一人であったから、その鬱屈した精神構造をかいま見ることもできた。

なかんづく、自民党・宏池会をつくった男、田村敏雄の壮絶な人生体験には、手先となって多額の金品をソ連からせしめたことには驚愕するばかりであった。一方で、田村の、社会主義、共産主義の現実に絶望して、ソ連と訣別した後の、世界に例をみない戦後復興を成し遂げた「所得倍増論」の推進と成功については敬意すら抱く。

「敗戦後はソ連に抑留され、中央アジアの捕虜収容所をいくつも転々とした後、一九五〇(昭二十五)年ナホトカから帰還した。その間、収容所で強制労働を強いられていた頃にソ連のエージェント(スパイ)になることを強要され、帰国の一心から承諾した。帰国後の一九五二(昭二十七)年からソ連大使館の二等書記官だったラストボロフが田村に接触、情報活動を強要されるが、五三年に関係を切る」と、小林英夫著『田村敏雄伝』(教育評論社、二〇一八年、一四頁)にある。

*

ソ連に協力した抑留者の一群の他に、進駐した米軍に協力して早くも再軍備を画策して、米国の先兵と化した旧軍将校がいたことも忘れてはならない。ラストボロフ事件「総括」も、米軍の情報部から提供された情報に基づいて、日本側で独自に捜査した記録で、進駐軍は、巨大な組織と情報網を張り巡らしていたから、むしろ、ソ連の東京における活動など、米軍の情報部隊の掌の上で、踊っていたようなことかも知れない。

筆者は、一九七六年から七八年まで、ボストンのフレッチャースクールにいたが、まだインターネットのない時代で、図書館で、在京の米国大使館から送られてくる数カ月遅れの日本の新聞記事翻訳集を読んで、日本の情報を知ることができた。その新聞記事は網羅的で、地方新聞まで翻訳対象となっていた。溜池の米国大使館には、大きな翻訳部門があり、担当課長の一人は、退任してからジョンズ・ホプキンズ大学の教授に就任している。

米国は外国の放送も傍受していた。その記録は、対日記録は、ハーバード大学のケネディスクールの図書館の地下に山積みになっているのを見たことがあるし、FBISという組織があって、各国別の放送傍受記録を週報で印刷して配布されるものを、フレッチャースクールの図書館で読んでいた。

敗戦後の日本では、手紙、雑誌、電話、映画、ありとあらゆる言論表現が、進駐軍によって検閲された。英語を解する日本人が大量に雇われていた。進駐軍が作成した日本国憲法には、「検閲はこれはしてはならない」と明文があるから憲法を守ることが茶番劇ではあったが、そのすり込まれた思考法が未だに闊歩している。

米軍は、日本が進駐軍の検閲の仕組みを真似た組織や訓練をした検閲官を引き継ぐことを警戒していた。「独立」後の日本には、検閲組織は行政組織に存在しない。

筆者が、北京の郵便局にあった検閲組織を訪問したとき、共産党の北京青年委員会のひとりから、東京ではどんな検閲をしているのかと尋ねられ、「検閲はしていない」と即答したら怪訝な顔をされたことがある。ワルシャワで、電話の盗聴組織の現場を視察したことがあるが、上部にボタンが並んでダイヤルを回さずに上級幹部に繋がる電話機を見せてもらったことがある。日本の霞ヶ関には、例えば地震や大水害などの天変地異があるときに地方と連絡して情報収集するために、優先的に接続する電話機があったが、その電話機は単なる黒電話で特殊な仕様ではなかった。

＊

独立日本は、外国語で日本を発信する能力を失い、外国でなにが起きているか、放送などを傍受して解析する能力は、わずかに牛込の旧フジテレビの社屋の一角に間借りする、外務省の外郭団体「ラジオプレス」があるきりだった。よど号事件の時には平壌に繋がる電話回線すらなく、ＮＨＫの国際放送で、今から飛行機が飛んでいくと呼びかける始末であった。アルジャジーラやＢＢＣの如く、情報伝達に国運を懸ける作業を、独立後の日本は、進駐軍が闊歩した闇市の時代よりもないがしろにしている。

＊

米国第三十一代大統領、ハーバート・フーバーの回想録『裏切られた自由』の大冊が二〇一七年に草思社から刊行され、「日本は繰り返して平和を求めていたにもかかわらず、原爆を投下したことは、米国の全ての歴史の中で他に比較されるものない残虐な行為であった。米国の良心に永久に重くのしかかるであろう」とのくだりが初めて邦訳された。二度と過ちを繰り返してならないのはどちらの側か歴然としているのだ。広島の慰霊碑の碑文は書き変えれるべきだ。

フーバー大統領の回想録は、四十七年もの間、文書庫に秘匿されていたが、スタンフォード大学からジョージ・ナッシュという研究者の監修を経て公刊された。大統領本人が執筆した回想録だから米国人といえども、反日でなくとも、戦争を終わらせるために原爆を投下したのだなどという俗論はもはや許されない。

ウクライナへのロシアの軍事侵攻があって広島市長は、外務省とも相談して駐日ロシア大使の慰霊の式典への参加を招待しないとしたが、それは誤った決定だったと思う。二〇一四年六月十三日、フランス北部ノルマンディーでの戦勝記念日でガムを噛みながら広島への原爆投下の映画を見て拍手した米国大統領の傍らでプーチンは、ロシア正教会の逆十字を切った。隣のメルケル首相は沈鬱な表情でうつむいた。ドレスデンでKGBのトップにあり、ドイツの争乱を赤軍で鎮圧すべきとしたプーチンを礼賛するつもりはいささかもない。新生ロシアの、スターリンの影響下にないロシアの外交使節をこそ、広島や長崎の慰霊の式典に招待すべきであろう。ウクライナ系ユダヤ人で、シカゴのオバマ組組長と揶揄される、異例の任用だった人物を優先すべきではない。

［了］

あとがき

『戦後の誕生　テヘラン・ヤルタ・ポツダム会談全議事録』(中央公論新社)が令和四年(二〇二二年)三月、ウクライナへのロシアの「特殊軍事作戦」発動直後に刊行され、日本人にとって、フーバー回想録と並ぶ、いやそれ以上の必読文献となった。これまで、一部の研究者や外交官が、外国文献で、日本の戦後を決めた一連の国際会議の内容が理解されていたにせよ、全議事録が日本語になったのは画期的であった。

一九四三年のテヘラン会談で。ルーズベルトが米英中ソの「四人の警察官」で世界平和を維持する国際機構を提唱。一九四五年二月のヤルタ会談では、ソ連の対日参戦などを取り決めた秘密協定が結ばれている。

「日本が今抱える脅威は共産中国と北朝鮮であるが、この二つの国家の成立は、ソ連の極東介入無しにはなかったのではないか」

日本は、ヤルタの秘密協定の存在を、公式には、東京裁判の最中でも知らなかった。ポツダム会談は、米英ソの首脳が集まって、一九四五年七月十七日から八月二日まで開かれた。ポツダムは、ソ連赤軍が占領していた。米国大統領はルーズベルトからトルーマンに代わっていた。フランスのドゴール将軍が参加を希望したがスターリンが反対した。フランスは後に、五人目の警察官として、連合国の常任理事国となる。

七月二十六日の「ポツダム宣言」は、米英中の三国の対日最後通告であった。ソ連は除外されている。ポツダム宣言はポツダムで議論されたわけではない。ヤルタで、対日参戦をルーズベルトに促されていたにもかかわらず、最後通告から外されたのは、米国が原爆実験に成功して、ソ連の対日参戦がなくとも、日本に勝利できると考えたからである。ソ連の参戦は、原爆を持ったばかりの米国にとっては、もはや不要のお荷物でしかなかった。米国で原爆実験が成功したのは一九四五年七月十六日である。実験成功から広島と長崎にこの原爆が投下されるまでのいきさつについても、「全議事録」に資料として収録されている。

トルーマンは七月二十四日、スターリンに謎かけするように原爆を保有したことを告げて、スターリンは特別の関心を示さなかったが、それを聞いて嬉しいということと、日本人に対してそれを使うことを希望したと、回想録に書き残している。戦後、ソ連は日本への原爆投下を日本での反米感情を強めるために利用してきたが、スターリンは対日原爆使用を認めていたことを意味する。ソ連の原爆ならいいとする、偏執狂の原水禁運動団体が現に日本にあった。

『戦後の誕生　テヘラン・ヤルタ・ポツダム会談全議事録』という大著は、茂田宏(元イスラエル大使、岡崎研究所理事長)、小西正樹(元マレーシア大使)、倉井高志(元ウクライナ大使)、川端一郎(元カザフスタン大使)、四人の対ソ連外交の最前線で勤務した人士が、翻訳・解読者として参画し、ロシア側の議事記録を日本語に訳出して米国の議事録と突合して、正確を期した労作である。

江湖の読者に薦めたい。

本稿は、「世界戦略情報　みち」に令和三年二月十五日から、月に二回、短文を書き溜めてきたものに、加除訂正を加えたものである。「みち」は、文明地政学協会が発行しているので、発行人の神子田龍山氏と、毎月四日間は校正作業で密に連絡する、編集人の天童竺丸氏と、都度、編集・校正作業に参加する同志各位に、感謝を申し上げたい。本書を書く動機を「遺品」として筆者に与えた徳久勲氏は、令和四年七月二十九日に、神奈川県藤沢市の病院で逝去された。ご霊前に供えて、刊行報告としたい。出版社の彩流社の労にも感謝する。

筆者のふるさとの奄美の島々では、妻のことを刀自《とうじ》と言い、酒を醸す杜氏にも繋がることを表現しているが、刀自の稲村啓子のお陰で、激励を得て、今回も拙文に魂が入った。いちいち一人ひとりのお名前を挙げることはしないが、多くの友人の世話になり、人はひとりで生きるものではないことを切実に感じる齢になった。感謝は尽きない。

令和五年八月吉日

著者識

【著者】稲村公望（いなむら・こうぼう）

1947年奄美・徳之島生まれ。1972年東京大学法学部卒業。同年郵政省入省。1978年米国フレッチャー法律外交大学院修了。1980年在タイ日本国大使館一等書記官。1983年郵政省復帰。1986年通信政策局国際協力課企画官。1986年埼玉大学客員教授、基盤技術研究促進センター出資部長、通信政策局国際協力課長、郵務局国際課長。1994年東海郵政局次長。1996年沖縄郵政管理事務所所長。1999年郵政大臣官房審議官。2001年中央省庁再編により総務省大臣官房審議官。同年政策統括官(情報通信担当)。沖縄振興策として「マルチメディア・アイランズ」制度を提唱。2003年郵政事業庁次長。2003年日本郵政公社発足と同時に常務理事就任。小泉内閣が推進した郵政民営化に断固反対。2005年電気通信普及財団理事長。2005年中央大学大学院客員教授。2012年10月日本郵便副会長。2014年3月日本郵便株式会社常任顧問辞任。2018年「月刊日本」客員編集委員、岡崎研究所特別研究員。2019年(令和元年)春の叙勲で瑞宝中綬章受章。

Sairyusha

詳説《しょうせつ》「ラストボロフ事件《じけん》」

二〇二三年八月十五日　初版第一刷

著者――稲村公望

発行者――河野和憲

発行所――株式会社 彩流社

〒101-0051

東京都千代田区神田神保町3-10大行ビル6階

電話：03-3234-5931

ファックス：03-3234-5932

E-mail：sairyusha@sairyusha.co.jp

印刷――明和印刷(株)

製本――(株)村上製本所

装丁――中山銀士＋杉山健慈

ISBN978-4-7791-2918-6 C0021

https://www.sairyusha.co.jp